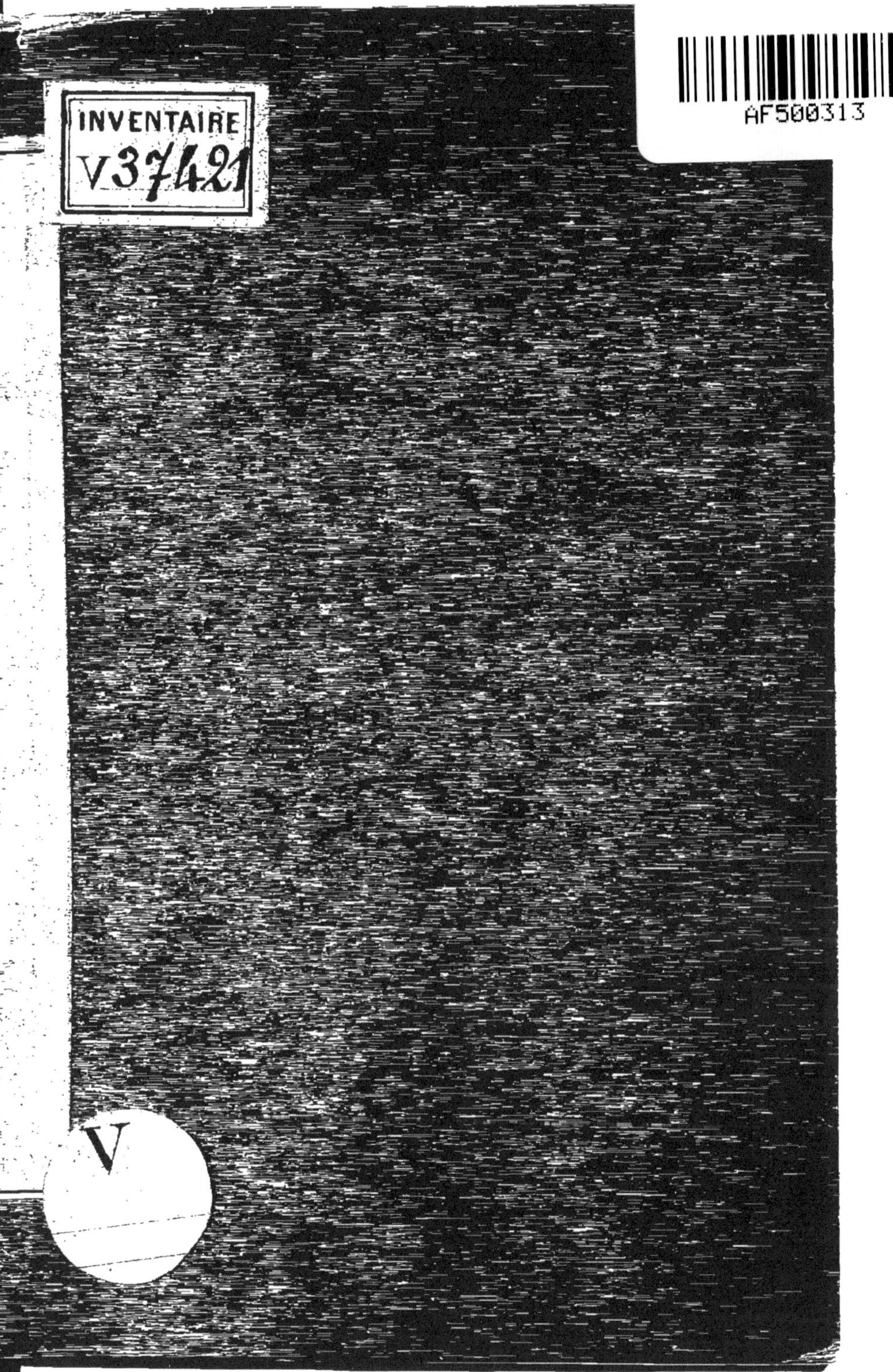

Dupuis.

Recueil
de
problèmes numériques.

RECUEIL

DE PROBLÈMES NUMÉRIQUES

ET D'EXERCICES DE CALCUL.

Sous presse :

RECUEIL DE PROBLÈMES NUMÉRIQUES à l'usage des aspirants au Baccalauréat ès sciences et à l'Ecole impériale militaire de Saint-Cyr. Problèmes sur la Cosmographie, la Physique et la Mécanique, suivis des Réponses à tous les Exercices, avec des Notes sur la Solution des Problèmes difficiles, par J. Dupuis.

TRAITÉ DE GÉOMÉTRIE, D'ARPENTAGE ET DE DESSIN LINÉAIRE, à l'usage des classes de logique (lettres) des lycées, contenant outre de nombreuses applications à l'architecture, au lever des plans, au partage des terrains, à l'agriculture, au nivellement et à la perspective, les énoncés de plus de 200 problèmes numériques gradués, avec 225 figures intercalées dans le texte, par J. Dupuis.

RECUEIL

DE PROBLÈMES NUMÉRIQUES

ET D'EXERCICES DE CALCUL

A L'USAGE DES ASPIRANTS AU BACCALAURÉAT ÈS SCIENCES
ET A L'ÉCOLE IMPÉRIALE MILITAIRE DE SAINT-CYR,

PAR J. DUPUIS,

Licencié ès sciences physiques de la Faculté de Paris,
Professeur de mathématiques.

**Problèmes sur l'Arithmétique,
l'Algèbre, la Géométrie et la Trigonométrie.**

PARIS,

DEZOBRY ET E. MAGDELEINE, LIBR.-ÉDITEURS,

Rue du Cloître-Saint-Benoit, 10

(Quartier de la Sorbonne).

1861

RECUEIL

DE

PROBLÈMES.

[Les énoncés des problèmes difficiles sont précédés d'une petite étoile.]

1° COSMOGRAPHIE.

PROGRAMME ANNOTÉ

DE L'ENSEIGNEMENT DANS LES CLASSES DE RHÉTORIQUE DES LYCÉES,

avec indication des numéros des problèmes qui servent d'application à chaque partie du programme.

Leçons 1, 2, 3.

Cosmographie (1) : description du monde entier, c'est-à-dire du ciel et de la terre.

Etoiles : points lumineux qui brillent au ciel pendant la nuit. Ils semblent fixés à une voûte qu'on nomme voûte céleste.

Distances angulaires : angles des deux rayons visuels, menés de l'œil de l'observateur à deux étoiles. Ils ne sont pas rigoureusement constants, mais ils ne varient qu'avec une extrême lenteur.

Sphère céleste : sphère imaginaire qui a pour centre l'œil de l'observateur, et sur laquelle on suppose chaque étoile au point d'intersection de la sphère et du rayon visuel mené à l'étoile.

---

(1) Cosmographie, de κοσμογραφία, dérivé de κόσμος, monde, γράφειν, décrire.

Distinction entre les étoiles et les planètes (1) : celles-ci ont un mouvement propre sur la sphère céleste.

Verticale : direction du fil à plomb. Tout plan qui passe par la verticale se nomme plan vertical. — Zénith, nadir (2) : points d'intersection de la verticale et de la voûte céleste. — Horizon (3) : plan perpendiculaire à la verticale mené par l'œil de l'observateur.

Mouvement diurne apparent des étoiles : la voûte céleste paraît tourner en emportant toutes les étoiles qui y sont fixées ; ce mouvement apparent continue pendant le jour ; il s'accomplit toujours dans le même temps. — Distance zénithale d'une étoile : angle des deux rayons visuels menés à l'étoile et au zénith. — Azimut d'une étoile : angle que le plan vertical, mené par l'étoile, fait avec un autre plan vertical fixe. On mesure la distance zénithale et l'azimut d'une étoile au moyen du théodolite (4).

Culmination (5) : point le plus élevé de la course apparente d'une étoile au-dessus de l'horizon. — *Plan méridien* (6) : plan vertical qui contient les points de culmination de toutes les étoiles. — Méridienne : droite d'intersection du plan méridien et de l'horizon ; elle divise, en deux parties égales, les angles des

---

(1) Planète, de πλανήτης, dérivé de πλανάομαι, errer ; les astronomes anciens qui ignoraient les lois de leurs mouvements les prenaient pour des astres errants.

(2) Zénith et nadir, mots empruntés de l'arabe et qui signifient au-dessus et au-dessous.

(3) Horizon, de ὁρίζων, dérivé de ὁρίζειν, borner, (sous-entendu κύκλος, cercle) ; ce plan *borne* notre vue dans un lieu découvert.

(4) Théodolite, dérivé peut-être de θεάομαι, voir, ὁδός, distance, et λιτός, petit, c'est-à-dire instrument qui sert à mesurer de petites distances, parce qu'il est surtout employé en géodésie, science qui enseigne à mesurer et à diviser les terrains (de γῆ, terre, δαίω, diviser). Il se compose d'un limbe vertical mobile autour d'un axe vertical qui passe par son centre et d'un limbe horizontal fixe, perpendiculaire à l'axe vertical. Le 1er limbe est muni d'une lunette mobile parallèlement à son plan autour de son centre. Le 2e limbe sert à mesurer les angles décrits par le 1er : ces angles sont indiqués par un index mobile avec le limbe vertical et qui glisse sur le limbe horizontal.

(5) Culmination, de *culmen*, faîte, sommet.

(6) Méridien, de *meridies*, dérivé peut-être de *merus*, pur, *dies*, jour ; ce plan vertical contient aussi le point de culmination du soleil, c'est-à-dire le point du ciel où le soleil brille généralement de son plus *pur* éclat.

rayons visuels, menés de l'œil de l'observateur dans le plan de l'horizon, aux points de lever et de coucher de toutes les étoiles. — Points cardinaux : points d'intersection de la voûte céleste avec la méridienne et la perpendiculaire, menée à la méridienne dans le plan de l'horizon.

Axe du monde : droite située dans le plan méridien et autour de laquelle s'accomplit le mouvement diurne apparent des étoiles ; elle divise en deux parties égales les angles des rayons visuels menés de l'œil de l'observateur aux passages supérieurs et inférieurs des étoiles. — *Pôles* (1) : points d'intersection de l'axe du monde et de la voûte céleste. — *Etoiles circumpolaires* : étoiles qui ne disparaissent pas au-dessous de l'horizon. — *Etoile polaire* : étoile la plus voisine du pôle ; elle en est distante de 1° 24′. — *Hauteur du pôle à Paris* : 48° 50′ 11″,5 à l'observatoire de Paris.

[VOYEZ LES PROBLÈMES 1...6].

Les étoiles paraissent décrire des cercles d'orient en occident, autour de l'axe du monde ; ces mouvements apparents sont uniformes. On peut vérifier ces deux propositions au moyen de l'équatorial (2). — *Parallèles* : cercles que décrivent les étoiles d'un mouvement uniforme, leurs plans sont perpendiculaires à l'axe du monde, et leurs centres sont sur cette axe. — *Equateur* : parallèle passant par le centre de la sphère céleste, il la divise en deux parties égales. — Hémisphère boréal, hémisphère austral (3).

Jour sidéral : temps que met une étoile à revenir au même point du ciel ; il est plus court de 3 minutes 56 secondes que le jour ordinaire, qui se règle sur le mouvement du soleil. — Divisions du jour sidéral. — Temps sidéral. — Horloge sidérale.

Mouvement de rotation de la terre autour de la ligne des pôles, et d'occident en orient : il explique le mouvement diurne de la voûte céleste. Il est vérifié par l'aplatissement de la terre aux pôles, par les vents alizés, par la déviation vers l'orient des corps

(1) Pôle, de πολός, pivot, dérivé de πολεῖν, tourner.

(2) L'équatorial est une sorte de théodolite dont l'axe vertical a été rendu parallèle à l'axe du monde. Le deuxième limbe perpendiculaire à l'axe est dans le plan de l'équateur, de là vient que l'instrument est nommé équatorial.

(3) Boréal et austral, de βορέας et *auster*, noms des vents du nord et du sud chez les anciens.

qui tombent d'une grande hauteur, par la déviation apparente de l'est à l'ouest du plan des oscillations du pendule, etc.

Cercle de déclinaison d'une étoile : grand cercle passant par l'étoile et par les pôles du monde.

Différence de deux étoiles en ascension droite : arc de l'équateur compris entre les cercles de déclinaison des deux étoiles. — Mesure de l'ascension droite : on observe, au moyen de la lunette méridienne (1), les deux étoiles au moment de leur passage au méridien, on note les heures sidérales de ces passages et on convertit la différence des heures en degrés, à raison de 15° par heure sidérale, ou de 1° par 4 minutes sidérales.

[Voyez les problèmes 7 et 8].

Déclinaison : arc du cercle de déclinaison de l'étoile, compris entre l'étoile et l'équateur. — Mesure de la déclinaison : on détermine d'abord, au moyen du cercle mural (2), la distance zénithale de l'étoile au moment de son passage supérieur au méridien. La déclinaison de l'étoile égale la hauteur du pôle plus ou moins la distance zénithale de l'étoile, suivant que l'étoile passe au nord ou au sud du zénith. Déclinaison boréale, déclinaison australe.

[Voyez les problèmes 9 et 10].

Globes célestes : globes sur lesquels on place chaque étoile à l'aide de son ascension droite et de sa déclinaison; ils donnent une image parfaite de la voûte céleste.

Leçons 4, 5, 6, 7.

Description du ciel : pour faciliter la connaissance du ciel, on a partagé les étoiles en groupes nommés constellations.

---

(1) La lunette méridienne se compose d'une lunette fixée perpendiculairement à un axe horizontal ; elle est mobile autour de cet axe dans le plan méridien, ce qui lui a fait donner son nom. Elle contient à l'intérieur un réticule formé de deux fils de soie rectangulaires (de *rete*, réseau, filet). On la nomme aussi instrument des passages.

(2) Le mural se compose d'un limbe vertical fixé contre un mur, dans le plan méridien. Le limbe est muni d'une lunette mobile parallèlement à son plan autour de son centre. La direction de l'axe du monde est tracée sur le limbe.

Constellations principales :

La Grande Ourse.
La Petite Ourse.
Cassiopée.
Pégase.
Andromède.
Persée.
Le Cocher.
Le Taureau.
Les Gémeaux.
Orion.
Le Grand Chien.
Le Petit Chien.
Le Lion.
La Vierge.
Le Bouvier.
Le Scorpion.
La Lyre.
Le Cygne.
L'Aigle.
Le Poisson Austral, etc.

Etoiles de diverses grandeurs : on a classé les étoiles par ordre d'éclat. — *Combien on voit d'étoiles à l'œil nu :* on voit généralement à l'œil nu les étoiles des six premières grandeurs, cela fait environ 5000, dont 20 de première grandeur; mais il n'y en a que 4000 environ visibles à l'horizon de Paris.

Etoiles principales : les étoiles de première grandeur, visibles en France, sont, par ordre décroissant d'éclat :

Sirius, ou α du Grand Chien.
Arcturus (1), ou α du Bouvier.
Rigel, ou β d'Orion.
La Chèvre, ou α du Cocher.
Wéga, ou α de la Lyre.
Procyon (2), ou α du Petit Chien.
Béteigeuse, ou α d'Orion.
Aldébaran, ou α du Taureau.
Antarès, ou α du Scorpion.
Ataïr, ou α de l'Aigle.
L'Épi, ou α de la Vierge.
Fomalhaut, ou α du Poisson Austral.
Pollux, ou β des Gémeaux.
Régulus, ou α du Lion.

Etoiles changeantes : étoiles qui ont changé d'éclat, ainsi δ de la Grande Ourse a passé de la deuxième grandeur à la quatrième et κ d'Orion a passé de la quatrième grandeur à la deuxième. —

---

(1) Arcturus, de αρκτοῦρος, dérivé de αρκτος, ourse, οὐρὰ, queue; parce que cette étoile est à peu près sur le prolongement de la queue de la Grande Ourse.

(2) Procyon, de προκύων, dérivé de πρό, avant, κύων, chien, c'est-à-dire l'avant-chien; parce que cette étoile est au nord de Sirius.

Etoiles périodiques : étoiles qui changent périodiquement d'éclat, exemples :

Étoiles périodiques.	Périodicité.	Variations de grandeur.
Algol ou β de Persée...	2j 20h 48m	De la 2e à la 4e.
β de la Lyre..........	6 9	De la 3e à la 5e au plus.
Mira ou o de la Baleine..	334	De la 2e à 0.
χ du Cygne..........	404	De la 5e à la 11e.

[VOYEZ LES PROBLÈMES 11 et 12.]

Etoiles temporaires : étoiles qui apparaissent en général subitement et disparaissent ensuite graduellement sans retour. Exemple : étoile de 1572, observée par TYCHO-BRAHÉ (1), dans Cassiopée.

Etoiles colorées :

Étoiles rouges :

Arcturus ou α du Bouvier.
Beteigeuse ou α d'Orion.
Aldébaran ou α du Taureau.
Antarès ou α du Scorpion.
Pollux ou β des Gémeaux, etc.

Étoiles jaunes :

La Chèvre ou α du Cocher.
Ataïr ou α de l'Aigle.
Etc.....

Etoiles doubles, triples, quadruples, multiples : étoiles qui observées au télescope, se résolvent en groupes de 2, de 3, de 4, de plusieurs étoiles, paraissant extrêmement rapprochées les unes des autres. Exemples d'étoiles doubles :

ζ et ξ de la Grande Ourse.
La polaire ou α de la Petite Ourse.
γ d'Andromède (la 1re est orange et la 2e verte).
Castor ou α des Gémeaux.
β, δ et ζ d'Orion, c'est-à-dire Rigel et la 1re et la 3e étoile du Baudrier.
Régulus ou α du Lion.
β de la Lyre.
χ du Cygne, etc.

---

(1) TYCHO-BRAHÉ, astronome danois, né en 1546, mort en 1601. Il avait fait élever dans l'île de Hwen, près de Copenhague, un observatoire nommé Uranienbourg (ville du ciel), où il fit, pendant près de vingt ans, un très-grand nombre d'observations sur tous les phénomènes célestes.

Étoiles triples : α d'Andromède et ζ du Cancer.

Étoile quadruple : ε de la Lyre.

Étoile sextuple : θ d'Orion, située au sud du Baudrier ; elle est formée de six étoiles de 4e, 6e, 7e, 8e, 11e et 12e grandeurs.

Révolution des étoiles doubles : quelques étoiles doubles forment des systèmes dans lesquels les petites étoiles tournent autour des grandes (les deux étoiles doivent en réalité tourner l'une et l'autre autour de leur centre commun de gravité). Ainsi une des deux étoiles de ξ de la Grande Ourse fait une révolution entière autour de l'autre en 61 ans environ ; et une des deux étoiles de $\varkappa$ de la couronne boréale fait une révolution autour de l'autre en 67 ans environ.

Distance des étoiles à la terre : quelque soit le lieu de la terre où on observe le mouvement diurne, on se croit au centre du mouvement ; donc les dimensions de notre globe sont insensibles relativement aux distances qui nous séparent des étoiles, c'est-à-dire que ces distances sont immenses.

Voie lactée : bande lumineuse blanchâtre qui fait le tour de la voûte céleste en se bifurquant ; elle passe par l'Aigle, le Cygne, Cassiopée, Persée, le Cocher, les Gémeaux..., elle est formée d'étoiles télescopiques amoncelées par millions. — *Nébuleuses* : taches diffuses blanchâtres. On en compte plus de 6000 ; elles présentent des formes très variées. — *Nébuleuses résolubles* : nébuleuses qui observées avec des télescopes assez puissants, se résolvent en un très-grand nombre de très-petites étoiles. Principales nébuleuses :

Nébuleuse d'Andromède, entre les étoiles β et γ.
Néb.e d'Orion, au sud du Baudrier, près de l'étoile multiple θ.
Nébuleuse annulaire de la Lyre, entre β et γ.
Nébuleuse planétaire de la Grande Ourse, un peu au sud de β, étoile des Gardes.

Leçons 8, 9, 10, 11.

La terre : globe que nous habitons. — *Phénomènes qui donnent une première idée de sa forme* : elle est sensiblement sphérique. Preuves : aspect d'un vaisseau qui s'approche ou s'éloigne du rivage; voyages autour du monde; éclipses de lune; changement d'étoiles visibles pour un observateur qui se déplace du nord au midi; changement d'heures du lever des étoiles pour un observateur qui se déplace d'occident en orient;.... elle est isolée dans l'espace. [VOYEZ LES PROBLÈMES 13...16.]

Axe de la terre : diamètre terrestre parallèle à l'axe du monde. — *Pôles* : extrémités de ce diamètre. — Pôle arctique (1) : pôle dirigé vers les constellations des deux Ourses. — Pôle antarctique (2) : pôle opposé — *Parallèles* : cercles d'intersection de la surface de la terre par des plans perpendiculaires à l'axe. Ces cercles sont aussi les intersections de la surface de la terre par des cônes, ayant pour sommet le centre de la terre et pour bases les parallèles célestes. — *Equateur* : parallèle terrestre passant par le centre; son plan se confond avec celui de l'équateur céleste. Il partage la surface de la terre en deux parties égales : l'hémisphère boréal et l'hémisphère austral.

Méridiens : grands cercles passant par l'axe de la terre. Leurs plans se confondent avec ceux des méridiens célestes. — Premier méridien : pour les Français, celui qui passe par l'Observatoire de Paris. — Méridienne : intersection du méridien et de l'horizon.

Longitude d'un lieu : angle que fait le méridien du lieu avec un premier méridien; la longitude est orientale ou occidentale. — Mesure de la longitude : elle est égale à la différence des heures sidérales de chaque lieu, traduite en degrés, à raison de 15° par heure. [VOYEZ LES PROBLÈMES 17...21].

Latitude d'un lieu : angle que fait la verticale du lieu avec le plan de l'équateur; la latitude est boréale ou australe. — Mesure de la latitude : elle est égale à la hauteur du pôle au-dessus de l'horizon du lieu. [VOYEZ LES PROBLÈMES 22...26].

La longitude et la latitude (3) d'un lieu servent à déterminer sa position sur la terre.

---

(1) Arctique, de αρκτος, ourse. On le nomme aussi pôle septentrional de *septem triones*, les sept bœufs de labour (*triones* pour *teriones*, dérivé de *terere*, broyer); chacune des deux Ourses, nommée communément le Chariot, est formée de 7 étoiles qu'on nomme les Sept Bœufs.

(2) Antarctique, de αντι, opposé à, αρκτος, l'ourse.

(3) Les expressions de longitude et de latitude viennent de *longitudo* et *latitudo*, longueur et largeur, parce que les anciens connaissaient plus de pays de l'est à l'ouest que du nord au sud.

Tropiques (1) : cercles parallèles à l'équateur, à la latitude de 23° 27′ 36″. — Cercles polaires : cercles parallèles à l'équateur, à 23° 27′ 36″ du pôle. — Zônes. Division de la surface de la terre en cinq zônes : zône torride, comprise entre les deux tropiques ; zônes tempérées, comprises entre un tropique et le cercle polaire voisin ; zônes glaciales, calotes sphériques ayant pour base un cercle polaire et pour sommet le pôle voisin.

[Voyez les problèmes 27...29].

Tracé de la méridienne d'un lieu ; mesure de l'angle des verticales de deux de ses points ; mesure de la longueur de l'arc compris entre ces deux points, triangulation.

Valeurs numériques des degrés mesurés en France, en Laponie, au Pérou, et rapportés à l'ancienne toise :

	Latitude moyenne.	Longueur d'un degré.
Pérou,	1° 31′ 1″	56 737 toises.
France,	46° 8′ 6″	57 025 »
Laponie,	66° 20′ 10″	57 196 ».

Leur allongement à mesure qu'on s'approche des pôles prouve que la terre y est aplatie.

Détermination des dimensions de la terre supposée un ellipsoïde de révolution : les longueurs de deux arcs d'un degré mesurés à deux latitudes différentes suffisent pour faire connaître les deux axes. On trouve en effet, par le calcul (2), une expression générale de la longueur l d'un arc d'ellipse en fonction de son demi grand axe a, du rapport e de son excentricité au demi grand axe, et des latitudes L et L′ des extrémités de l'arc, c'est-à-dire des angles que les normales à l'ellipse aux extrémités de l'arc font avec le grand axe. Représentons cette équation générale par

$$l = \text{Fonction de } (a, e, \text{L}, \text{L}') \qquad [1].$$

Si on mesure directement, sur une ellipse méridienne, deux arcs d'un degré à deux latitudes différentes connues, on a deux équa-

(1) Chaque tropique correspond à un parallèle céleste, nommé aussi tropique, de τροπικός (sous-entendu κυκλος, cercle), dérivé de τρέπειν, se retourner (τροπη, retour) ; le soleil, dans son mouvement annuel apparent sur la voûte céleste, après avoir atteint un tropique, *retourne* vers l'équateur.

(2) Ce calcul n'est pas élémentaire.

tions semblables à l'équation [1] pour déterminer a et e; on en conclut le demi petit axe b par la relation $e = \frac{\sqrt{a^2-b^2}}{a}$.

Valeurs en toises des dimensions de la terre :

Rayon équatorial................	3 272 077	toises.
Rayon polaire....................	3 261 139	»
Différence	10 938	»

Aplatissement : rapport de la différence des deux rayons au rayon de l'équateur. Il vaut $\frac{1}{299}$. L'aplatissement de la terre est une conséquence de sa rotation. — Mesure du quart du méridien : connaissant a et e, si dans l'équation précédente [1] on remplace a et e par leurs valeurs, et si on fait $L = 0$ et $L' = 90°$, on a pour valeur de l la longueur du quart de l'ellipse méridienne. On trouve 5 131 180 toises. — *Longueur du mètre* : le mètre légal est la 10 000 000e partie du quart du méridien supposé égal à 5 130 740 toises (au lieu de 5 131 180 toises, valeur aujourd'hui admise). Il vaut $0^t,513\,074$, ou sensiblement $443^l,3$.

Valeurs en mètres des dimensions de la terre :

Rayon équatorial..............	6 377 398	mètres.
Rayon polaire.................	6 356 080	»
Différence	21 318	»
Quart du méridien.............	10 000 856	»

[Voyez les problèmes 30...34].

Cartes géographiques : elles ont pour objet de représenter, sur une surface plane, les positions respectives des différents points de la terre ou d'une partie de la terre.

Projections orthographiques : intersections du plan d'un grand cercle et des perpendiculaires abaissées sur ce plan, des différents points d'un des deux hémisphères; l'œil est supposé du même côté du plan de projection que l'hémisphère projeté. — Projection orthographique des méridiens et des parallèles, en prenant pour plan de projection un méridien ou l'équateur.

Projections stéréographiques (1) : intersections du plan d'un grand cercle et des droites menées du pôle de ce cercle aux diffé-

(1) Stéréographie, de στερέος, solide, γράφειν, décrire ; c'est-à-dire représentation sur un plan d'une figure de l'espace.

rents points de l'hémisphère opposé; l'œil est supposé au pôle du cercle. — Du cône oblique à base circulaire; section principale; section anti-parallèle; toute section parallèle à la base est un cercle; il en est de même de toute section anti-parallèle. La projection stéréographique d'un cercle est un cercle. — Projection stéréographique des méridiens et des parallèles, en prenant pour plan de projection un méridien ou l'équateur.

Mappemonde (1) ou planisphère (2) terrestre : représentation sur un plan de toute la surface du globe terrestre, partagée en deux hémisphères par un méridien. — Planisphère céleste : représentation sur un plan de la sphère céleste, partagée en deux hémisphères par l'équateur. Les planisphères sont ordinairement des projections stéréographiques.

Système de développement en usage dans la construction de la carte de France : développement d'un cône tangent à la sphère suivant le parallèle moyen. Représentation des parallèles et des méridiens.

Atmosphère terrestre : masse d'air qui enveloppe la terre. — Idée de son étendue : 15 ou 20 lieues d'épaisseur, c'est-à-dire un peu plus que le centième du rayon de la terre. — Son effet sur la direction des rayons lumineux et sur la hauteur apparente des astres : les rayons lumineux se réfractent en traversant l'atmosphère; ils décrivent des lignes courbes qui tournent leur concavité vers la terre. Il en résulte qu'on voit les astres au-dessus de leur vraie position. La réfraction augmente du zénith, où elle est nulle, à l'horizon, où elle vaut 33′ 46″, c'est-à-dire qu'un astre, vu à l'horizon, est à 33′ 46″ au-dessous de l'horizon.

LEÇONS 12, 13, 14, 15, 16, 17.

Le soleil : astre qui produit en un lieu de la terre les alternatives du jour et de la nuit, suivant qu'il est au-dessus ou au-dessous de l'horizon du lieu. — Forme circulaire de son disque. — Mesure de la déclinaison et de l'ascension droite de son centre.

[VOYEZ LES PROBLÈMES 35...39].

Mouvement annuel apparent du soleil : le soleil paraît animé d'un mouvement propre en sens contraire du mouvement diurne,

---

(1) Mappemonde, de *mappa*, toile, *mundus*, monde.

(2) Planisphère, de *planus*, plan, σφαῖρα, sphère.

c'est-à-dire d'occident en orient; il fait le tour de la voûte céleste en un an. — *Ecliptique* (1) : trajectoire que semble décrire le centre du soleil sur la sphère céleste, dans son mouvement propre annuel. Si on détermine chaque jour la position apparente du centre du soleil sur la sphère céleste, au moyen de son ascension droite et de sa déclinaison, on a autant de points de sa trajectoire apparente. On reconnaît que c'est un grand cercle de la sphère céleste, passant par Régulus et par l'Epi de la Vierge. — Son inclinaison sur l'équateur : elle valait 23° 27′ 36″ le 1er janvier 1855. [VOYEZ LE PROBLÈME 40].

Points équinoxiaux (2) : points d'intersection de l'écliptique et de l'équateur. Equinoxe de printemps, équinoxe d'automne; détermination de la position de ces points sur l'équateur et de l'instant où le soleil s'y trouve. [VOYEZ LES PROBLÊMES 41 et 42].

Solstices (3) : points de plus grande déclinaison du soleil. Solstice d'été, solstice d'hiver. La ligne des solstices est un diamètre de l'écliptique perpendiculaire à la ligne des équinoxes. [VOYEZ LE PROBLÈME 43].

Constellations zodiacales (4) : comprises dans une zône de 17° de largeur environ et divisée par l'écliptique en deux parties égales. Il y en a 12. Noms, signes et ordre de ces constellations en allant de l'ouest à l'est :

Sunt Aries,	Taurus,	Gemini,	Cancer,	Leo,	Virgo,
♈	♉	♊	♋	♌	♍
Libraque,	Scorpius,	Arcitenens,	Caper,	Amphora,	Pisces (5),
♎	♏	♐	♑	♒	♓

(1) Ecliptique, ainsi nommée parce que les éclipses de soleil et de lune ne peuvent avoir lieu que lorsque le centre de la lune est dans ce plan ou à peu près.

(2) Equinoxe, de *æquinoctium*, dérivé de *nox*, nuit, *æqua*, égale; quand le soleil occupe ces points, la durée de la nuit est égale à celle du jour, pour toute la terre.

(3) Solstice, de *solstitium*, dérivé de *solis statio*, repos du soleil; au moment du solstice la déclinaison du soleil varie à peine pendant quelques jours, de sorte qu'il reste sensiblement à la même distance de l'équateur.

(4) Zodiaque, de ζωδιακὸς (sous-entendu κύκλος, cercle), dérivé de ζῴδιον, figure d'animal (ζῷον, animal, εἶδος, figure); les constellations du zodiaque sont presque toutes figurées par des animaux.

(5) Ces deux vers sont du poète AUSONNE, né à Bordeaux vers l'an 309, et mort vers 394; il fut précepteur de l'empereur Gratien et gouverneur des Gaules.

Division de l'écliptique en 12 signes : on a divisé autrefois (1) l'écliptique, à partir de l'équinoxe de printemps, en 12 parties égales appelées signes. Les signes ont reçu les noms des constellations zodiacales qui y correspondaient alors; mais les constellations n'occupant plus les mêmes places que les signes, à cause d'un déplacement des points équinoxiaux, de 30° environ, d'orient en occident, la constellation des Poissons est maintenant dans le 1er signe, celle du Bélier dans le 2e, celle du Taureau dans le 3e, et ainsi de suite.

Tropiques : parallèles célestes à 23° 27′ 36″ de l'équateur; le soleil les décrit au moment des solstices. On les nomme tropique du cancer et tropique du capricorne, parce que le soleil entre alors dans le signe du cancer (2) ou dans le signe du capricorne.

Axe de l'écliptique : droite perpendiculaire au plan de l'écliptique et passant par son centre. — Pôles de l'écliptique : points d'intersection de l'axe de l'écliptique et de la voûte céleste. — Longitude d'une étoile : arc de l'écliptique compris entre l'équinoxe de printemps et le grand cercle qui passe par l'étoile et par les pôles de l'écliptique. — Longitude du soleil : arc de l'écliptique compris entre l'équinoxe de printemps et le centre du soleil. — Latitude d'une étoile : distance de l'étoile à l'écliptique, comptée sur l'arc du grand cercle qui passe par l'étoile et par les pôles de l'écliptique. — Cercles de latitude : cercles sur lesquels se comptent les latitudes.

Diamètre apparent du soleil : angle des deux rayons visuels menés de l'œil de l'observateur aux extrémités d'un diamètre. *Il est variable avec le temps* : on en conclut que la distance du soleil à la terre est également variable :

Diamètre maximum vers le 1er janvier... 32′ 36″ = 1956″
Diamètre minimum vers le 2 juillet..... 31′ 30″ = 1890″
Diamètre moyen..................... 32′ 3″ = 1923″

[Voyez les problèmes 44.... 46].

Le soleil paraît décrire une ellipse autour de la terre : la distance du soleil à la terre est réciproquement proportionnelle à son dia-

(1) Vers l'an 300 avant Jésus-Christ.

(2) De *cancer*, écrevisse; ce signe est probablement ainsi nommé à cause du mouvement *rétrograde* du soleil, qui retourne vers l'équateur; on sait que l'écrevisse nage à reculons, à l'aide des mouvements de sa queue, qu'elle replie vivement sous le corps.

mètre apparent. Cette remarque fournit un moyen de décrire une courbe semblable à la trajectoire du soleil ; on reconnaît que c'est une ellipse dont la terre occupe un des foyers.

Périgée (1) : point de l'orbite le plus près de la terre.

Apogée (2) : point de l'orbite le plus éloigné de la terre.

[VOYEZ LE PROBLÈME 47].

Ligne des absides (3) : grand axe de l'orbite.

[VOYEZ LES PROBLÈMES 48... 50].

Principes des aires : l'aire décrite par le rayon vecteur mené du centre de la terre à celui du soleil est proportionnelle au temps. Il en résulte que la vitesse du soleil diminue du périgée à l'apogée.

Origine des ascensions droites : le point équinoxial de printemps. — *Ascension droite du soleil* : arc de l'équateur compris entre le cercle de déclinaison du soleil et l'équinoxe de printemps. — Jour solaire vrai : intervalle de temps compris entre deux passages supérieurs successifs du soleil au méridien ; il est variable. — Causes de cette inégalité : mouvement irrégulier du soleil dans son orbite et obliquité de l'écliptique. — Midi vrai (4). — *Temps solaire vrai* : temps exprimé en jours solaires vrais.

Jour solaire moyen : intervalle de temps compris entre deux passages supérieurs successifs au méridien d'un soleil imaginaire décrivant l'équateur d'un mouvement uniforme dans le même temps que le soleil vrai décrit l'écliptique. On imagine un premier soleil fictif partant du périgée au moment où le soleil vrai y passe, et parcourant l'écliptique d'un mouvement uniforme dans le même temps que le soleil vrai ; puis on imagine un deuxième soleil fictif partant de l'équinoxe de printemps au moment où le premier soleil fictif y passe, et parcourant l'équateur d'un mouvement uniforme dans le même temps que le soleil vrai décrit l'écliptique ; l'intervalle de temps compris entre deux passages supérieurs successifs de ce deuxième soleil fictif au méridien est le jour solaire moyen.

---

(1) Périgée, de περί, près de, γῆ, la terre.

(2) Apogée, de ἀπό, loin de, γῆ, la terre.

(3) Pour apsides, de ἁψὶς, lien, dérivé de ἅπτειν, attacher ; c'est la droite qui *unit* le périgée à l'apogée.

(4) Midi, de *medius dies* pour *medium diei*, milieu du jour.

Il est constant. — Midi moyen. — *Temps solaire moyen* : temps exprimé en jours solaires moyens. — Equation du temps : ce qu'il faut ajouter au temps solaire moyen, ou en retrancher, pour avoir le temps solaire vrai (1).

Gnomon (2) : style ordinairement vertical fixé à une surface plane horizontale. Usage du gnomon pour tracer la méridienne et pour déterminer les jours des solstices. Inexactitude causée par la pénombre, manière de l'éviter au moyen d'une plaque percée.

Principes élémentaires des cadrans solaires : ils se composent d'une surface quelconque à laquelle est fixé un style parallèle à l'axe de la terre. On imagine par le style douze plans dont le premier coïncide avec le méridien, et qui comprennent deux à deux des angles de 15°. Les traces de ces douze plans sur la surface sont les ombres du style, quand le soleil, dans son mouvement diurne, se trouve dans les douze cercles horaires équidistants, car on peut regarder la direction du style comme coïncidant avec l'axe de la terre. Cadran équatorial; cadran horizontal; cadran vertical.

Année sidérale : temps qui s'écoule entre deux retours successifs du soleil à la même étoile. Elle vaut $366^{j\,sid},25638$. — *Année tropique* (3) : temps qui s'écoule entre deux équinoxes successifs de printemps. Elle est plus courte que l'année sidérale, à cause de la précession des équinoxes (4). Elle vaut $366^{j\,sid},24222$.

Valeurs de l'année sidérale et de l'année tropique en jours solaires moyens (5) :

Année sidérale	= $365^{jm},25638$	=	365^{j}	6^{h}	9^{m}	11^{s}
Année tropique	= 365 ,24226	=	365	5	48	51
Différence	= 0 ,01412	=			20	20

Comparaison du jour solaire et du jour sidéral; mouvement moyen du soleil par jour solaire moyen.

[VOYEZ LES PROBLÈMES 51... 54].

(1) On nomme cette différence une équation, parce qu'elle est en effet donnée par une équation algébrique.

(2) Gnomon, de γνωμων, indicateur, dérivé de γιγνώσκειν, connaître.

(3) Année tropique, ainsi nommée parce que c'est aussi le temps qui s'écoule entre deux retours successifs du soleil au même tropique.

(4) Le retour du soleil à l'équinoxe *précède* son retour à l'étoile.

(5) Voyez, à la fin du volume, note 1 de Cosmographie.

Calendrier (1) : tableau qui résume les divisions de l'année civile, c'est-à-dire de l'année appliquée aux usages sociaux.

Réforme Julienne : opérée par JULES CÉSAR en l'an 46 av. Jésus-Christ. Elle consiste à compter trois années successives de 365 jours, et une quatrième année, nommée bissextile (2), de 366 jours.

Réforme Grégorienne : opérée par le pape GRÉGOIRE XIII en 1582. Elle consiste à compter une seule année bissextile sur quatre années séculaires successives; toutes les quatre seraient bissextiles suivant le calendrier Julien. [VOYEZ LES PROBLÈMES 55 et 56].

Parallaxe d'un astre (3) : angle des deux droites menées à son centre du lieu de l'observation et du centre de la terre. La position apparente d'un astre sur la voute céleste *change* avec le lieu d'où on l'observe. Pour rendre la position de l'astre indépendante de celle de l'observateur, on la rapporte au centre de la terre, c'est-à-dire qu'on suppose l'observateur placé au centre de la terre. Pour cet observateur, conservant la même verticale, la distance zénithale s'obtient en retranchant la parallaxe de la distance zénithale observée. — Parallaxe horizontale : parallaxe d'un astre dont le centre est à l'horizon.— Parallaxe de hauteur : parallaxe d'un astre dont le centre est au-dessus de l'horizon. — Relation entre les deux parallaxes. — Calcul de la parallaxe horizontale : elle se déduit de deux observations simultanées de la parallaxe de hauteur, sur un même méridien ; la parallaxe horizontale du soleil vaut en moyenne 8",6.

Distance du soleil à la terre : elle vaut en moyenne 24 000 rayons terrestres ou 38 millions de lieues de 4 kilomètres.

[VOYEZ LES PROBLÈMES 57... 62].

Rapport du diamètre et du volume du soleil à ceux de la terre : le diamètre du soleil égale 112 fois celui de la terre; on en conclut que son volume égale 1 404 928 fois celui de la terre, c'est-à-dire environ 1 400 000 fois celui de la terre.

[VOYEZ LE PROBLÈME 63].

---

(1) Calendrier, de *calendœ*, calendes, dérivé de καλειν, appeler. Les Calendes étaient à Rome les premiers jours de chaque mois; les pontifes *appelaient* le peuple au Capitole pour lui annoncer les fêtes du mois.

(2) Bissextile, de *bissextilis*, dérivé de *bis*, deux fois, *sextus*, sixième; on répétait deux fois le sixième jour avant les Calendes de Mars.

(3) Parallaxe, de παράλλαξις, changement.

Rapport des masses. — La masse du soleil égale 355 000 fois celle de la terre, c'est-à-dire que si à la surface de la terre ou d'un autre astre, il était possible de mettre le soleil dans un plateau d'une balance, il faudrait mettre dans l'autre plateau 355 000 globes comme la terre pour lui faire équilibre.

Densité du soleil rapportée à la densité moyenne de la terre : rapport de la masse au volume = 0,253.

[VOYEZ LES PROBLÈMES 64... 61].

Taches du soleil, pénombres, facules. Quand on observe le soleil avec un télescope, dont l'oculaire est garni d'un verre coloré, pour affaiblir l'éclat et la chaleur de ses rayons, on remarque sur son disque des espaces noirs, qu'on nomme des taches, des espaces d'un éclat moindre que l'éclat moyen du soleil, nommés pénombres (1) et des espaces d'un plus grand éclat nommés facules (2). Les pénombres entourent les taches, et les facules se trouvent généralement dans le voisinage des grandes taches.

Rotation du soleil sur lui-même : le soleil tourne sur lui-même d'occident en orient en 25 jours $\frac{1}{2}$. On l'a reconnu au mouvement commun de quelques taches. — La vitesse apparente de chaque tache croît en allant de l'extrémité au milieu de l'arc qu'elle décrit. — L'axe de rotation du soleil fait un angle de 7° avec une perpendiculaire au plan de l'écliptique, de sorte que l'équateur solaire est aussi incliné de 7° sur l'écliptique. [VOYEZ LE PROBLÈME 67].

Idée prédominante sur la constitution physique du soleil : Corps solide à peu près obscur entouré d'une atmosphère lumineuse, nommée photosphère (3); il en est séparé par une atmosphère nuageuse qui sert peut-être d'écran au noyau central. Les taches proviennent des solutions de continuité dans les deux atmosphères; ces sortes de déchirures laissent voir le noyau central.

Lumière zodiacale : attribuée à une troisième atmosphère solaire.

Jour : intervalle de temps compris entre le lever et le coucher du soleil. — Nuit : intervalle de temps qui s'écoule entre son coucher et son lever.

---

(1) Pénombre, de *penè*, presque, *umbra*, ombre.
(2) Facule, de *facula*, petit flambeau, dérivé de *fax*, flambeau.
(3) Photosphère, de σφαῖρα, sphère, φωτος, de lumière.

Du jour et de la nuit en un lieu déterminé de la terre, et de leurs durées à différentes époques de l'année : à l'équateur, aux tropiques, dans les zônes tempérées, aux cercles polaires, aux pôles; leurs durées sont constamment égales pour tous les points de l'équateur, et inégales pour les autres points du globe excepté à l'époque des équinoxes.

Crépuscule (1) : lumière diffuse qui nous éclaire après le coucher et avant le lever du soleil. La partie supérieure de l'atmosphère éclairée par le soleil nous envoie par réflexion la lumière qu'elle en reçoit. Le crépuscule du soir finit et celui du matin commence quand le soleil est à 18° de l'horizon. — Aurore (2) : crépuscule du matin.

Saisons : temps que met le soleil à parcourir chacun des quatre arcs de l'écliptique compris entre les équinoxes et les solstices. — *Inégalité de la durée des différentes saisons* : l'été est la plus longue, le printemps vient après l'été, puis l'automne et enfin l'hiver qui est la plus courte. — Cause de cette inégalité : vitesse variable du soleil.

Durée des saisons pour l'année 1855 :

	j	h	m
Hiver	89	1	7
Printemps	92	20	42
Eté	93	14	11
Automne	89	17	49
	365	5	49

[VOYEZ LE PROBLÈME 68].

Des causes principales qui rendent la température variable avec les saisons en un lieu de la terre : durée variable de la présence du soleil au-dessus de l'horizon et obliquité de ses rayons par rapport à l'horizon. [VOYEZ LE PROBLEME 69].

Idée de la précession des équinoxes : mouvement apparent de la voûte céleste autour de l'axe de l'écliptique d'occident en orient (3).

---

(1) Crépuscule, de *crepusculum*, diminutif de *creperum*, obscurité; c'est-à-dire faible obscurité.

(2) De *aurora*, dérivé peut-être de *aurum*, or; avant de se lever, le soleil *dore* la partie supérieure de l'atmosphère.

(3) Le phénomène de la précession a été découvert par HIPPARQUE, le plus grand astronome de l'antiquité. Il vivait à Alexandrie, dans le IIe siècle avant Jésus-Christ.

Il s'explique par un mouvement de rotation de l'axe de la terre autour de l'axe de l'écliptique, d'orient en occident. Ce mouvement fait rétrograder la ligne des équinoxes, d'orient en occident, de 50'',1 par année tropique ou d'une révolution entière en 26000 ans environ.

Déplacement de l'étoile polaire. [VOYEZ LES PROBLÈMES 70..73].

Explication du mouvement propre apparent du soleil par un mouvement réel de la terre autour du soleil : le soleil paraît décrire une ellipse dont la terre occupe un des foyers. Si on trace une 2e ellipse de même grandeur, passant par le foyer de la première, et ayant pour foyer le sommet périgée du soleil, on peut supposer le soleil fixe à ce sommet et la terre animée, sur la 2e ellipse, d'un mouvement d'occident en orient précisément égal à celui qu'on attribue au soleil. Les apparences seront exactement les mêmes, c'est-à-dire qu'on verra le soleil dans la même direction et coïncidant avec les mêmes étoiles que si la terre était immobile et le soleil en mouvement (1).

Périhélie (2) : point de l'orbite le plus près du soleil. — Aphélie (3) : point de l'orbite le plus éloigné du soleil.

---

(1) Cette idée de l'immobilité du soleil et du mouvement de la terre est très ancienne. ARISTOTE l'attribue à PYTHAGORE, qui vint fonder une école célèbre en Italie vers l'an 540 avant J.-C. On lit dans son traité Περὶ Οὐρανοῦ « du ciel, » liv. II, chap. XIII : Περὶ μὲν οὐν τῆς θέσεως (τῆς γῆς), οὐ τὴν αὐτὴν ἔχουσιν ἅπαντες δόξαν. Ἀλλὰ τῶν πλείστων ἐπὶ τοῦ μέσου κεῖσθαι λεγόντων, ὅσοι τὸν ὅλον οὐρανὸν πεπερασμένον εἶναί φασιν, ἐναντίως οἱ περὶ τὴν Ἰταλίαν, καλούμενοι δὲ Πυθαγόρειοι λέγουσιν· ἐπὶ μὲν γὰρ τοῦ μέσου πῦρ εἶναι φασι, τὴν δὲ γῆν ἓν τῶν ἄστρων οὖσαν κύκλῳ φερομένην περὶ τὸ μέσον, νύκτα τεκαὶ ἡμέραν ποιεῖν. « Relativement à la position de la terre, les philosophes ne sont pas tous du même avis. La plupart la placent au centre de l'univers et regardent le ciel tout entier comme limité; mais les philosophes d'Italie qu'on nomme Pythagoriciens, sont d'une opinion contraire : ils placent le feu au centre et ils disent que la terre est un astre emporté dans un cercle autour du centre, et produisant ainsi les alternatives du jour et de la nuit. »

(2) Périhélie, de περί, près de, ἥλιος, soleil.

(3) Aphélie, de ἀπό, loin de, ἥλιος, soleil.

Leçons 18, 19, 20.

La lune : satellite (1) de la terre; elle participe au mouvement diurne de la sphère céleste et elle a un mouvement propre dans le sens du mouvement propre du soleil. — Forme circulaire de son disque. — *Diamètre apparent* : angle des deux rayons visuels menés de l'œil de l'observateur aux extrémités d'un diamètre. Il est variable. Valeur de ce diamètre vu du centre de la terre :

Diamètre maximum	33′ 31″	= 2011″
Diamètre minimum............	29′ 22″	= 1762″
Diamètre moyen	31′ 26″,5	= 1886″,5

Phases (2) : apparences diverses que présente le disque de la lune. — Nouvelle lune ou conjonction : la lune et le soleil sont du même côté de la terre dans le même cercle de latitude, de sorte que les deux astres ont la même longitude. — Pleine lune ou opposition : la lune est par rapport à la terre du côté opposé au soleil, dans le même cercle de latitude, de sorte que la différence de longitude des deux astres égale 180°. — *Syzygies* (3) : nouvelle lune et pleine lune. — *Quadratures* (4) ou 1er et 2e quartiers : la différence de longitude des deux astres égale 90°.

Explication des phases : on les explique en admettant que la lune tourne autour de la terre, et qu'elle reçoit sa lumière du soleil.

Phases de la terre vue de la lune.

Lumière cendrée : lumière solaire réfléchie par la terre, vers l'époque de la nouvelle lune, sur la partie obscure du disque lunaire; la lune nous renvoie cette lumière.

Révolution sidérale de la lune : temps que met la lune à revenir en conjonction avec une même étoile. Elle vaut en jours solaires

---

(1) De *Satelles*, garde; elle accompagne la terre dans sa révolution autour du soleil.

(2) Phase, de φάσις, apparition, dérivé de φαω, luire.

(3) Syzygie, de συζυγια, réunion ; la lune et le soleil sont *réunis* dans le même cercle de latitude.

(4) Quadrature, de *quadratura*, dérivé de *quadratus*, sous-entendu *angulus*, angle droit ; le cercle de latitude de la lune fait un angle droit avec celui du soleil.

moyens, 27j,32166 ou 27j 7h 43m 11s. — Mouvement moyen de la lune par jour solaire moyen.

[VOYEZ LES PROBLÈMES 74 et 75].

Révolution synodique (1) ou lunaison : temps que met la lune à revenir en conjonction avec le soleil. Elle vaut en jours solaires moyens, 29j,53059 ou 29j 12h 44m 3s.

Nombre d'or ou période de Méton : 19 années tropiques égalent sensiblement 235 lunaisons, car

$$365^j,24226 \times 19 = 6939^j,60294$$
$$29^j,53059 \times 235 = 6939^j,68855$$

Il en résulte qu'au bout de 19 ans les phases de la lune se reproduisent aux mêmes dates (2). [VOYEZ LE PROBLÈME 76].

Orbite apparente décrite par la lune sur la voûte céleste : Si on détermine chaque jour la position apparente du centre de la lune sur la sphère céleste, au moyen de son ascension droite et de sa déclinaison, on a autant de points de sa trajectoire apparente. On trouve que c'est à peu près un grand cercle de la sphère céleste, incliné de 5° 9′ sur le plan de l'écliptique.

Nœuds : points d'intersection de l'orbite lunaire et du plan de l'écliptique.

Nœud ascendant, nœud descendant. Rétrogradation de la ligne des nœuds. [VOYEZ LES PROBLÈMES 77... 80].

Forme de l'orbite lunaire : La distance de la lune à la terre est réciproquement proportionnelle à son diamètre apparent. Cette remarque fournit un moyen de décrire une courbe semblable à la trajectoire de la lune. On reconnaît que c'est une ellipse dont la terre occupe un des foyers.

Parallaxe de la lune : angle des deux droites menées au centre de la lune du lieu de l'observation et du centre de la terre. La pa-

---

(1) De σύνοδος, réunion; la lune et le soleil sont *réunis* dans le même cercle de latitude.

(2) Cette période de 19 ans a été découverte, en l'an 432 avant Jésus-Christ, par MÉTON, astronome athénien. Les Grecs, dans leur admiration, en firent graver le calcul en lettres d'or, sur des tables d'airain; de là l'expression de nombre d'or.

rallaxe horizontale de la lune augmente des pôles à l'équateur. Valeurs de cette parallaxe :

Parallaxe maximum à l'équateur	61′ 27″
Parallaxe minimum id	53′ 53″
Parallaxe moyenne id	57′ 40″
Parallaxe moyenne à Paris	57′ 33″,5
Parallaxe moyenne aux pôles	57′ 28″,5

Distance de la lune à la terre : en prenant pour unité le rayon terrestre équatorial, elle varie à peu près entre 56 fois et 64 fois le rayon, et elle vaut sensiblement en moyenne 60 fois le rayon ou 95 000 lieues de 4 kilomètres.

Distance maximum	63rt,803
Distance minimum	55rt,947
Distance moyenne	59rt,875

[Voyez les problèmes 81... 83.]

Diamètre réel : les 0,273 ou à peu près les $\frac{3}{11}$ de celui de la terre. — *Volume* : les 0,0203 ou un peu moins de $\frac{1}{49}$ de celui de la terre. [Voyez les problèmes 84...87].

Masse : les 0,0123 ou $\frac{1}{81}$ de celle de la terre. — *Densité* : rapport de la masse au volume. Elle vaut les 0,6 de celle de la terre.

Taches : espaces nombreux du disque lunaire, qui réfléchissent moins de lumière solaire que les autres. Elles conservent les mêmes distances respectives. — *Rotation* : on reconnaît, à l'inspection des taches, que la lune nous présente toujours le même hémisphère. On en conclut qu'elle tourne sur elle-même et qu'elle accomplit une rotation complète dans le même temps qu'une révolution sidérale, c'est-à-dire en 27j,32166 = 27j 7h 43m 11s, ou à peu près 27j $\frac{1}{3}$.

Libration en longitude (1) : balancement apparent de la lune. Dans le cours d'une révolution sidérale, les taches semblent exécuter une oscillation autour d'une position moyenne, de sorte que la lune nous montre alternativement un petit fuseau oriental et un petit fuseau occidental de l'hémisphère, dont le reste est toujours

(1) Libration, de *libratio*, balancement, dérivé de *libra*, balance. On nomme ce balancement libration en longitude parce qu'il s'effectue dans le plan de l'équateur lunaire, qui diffère peu du plan de l'écliptique : on sait que les longitudes se comptent sur l'écliptique.

invisible pour nous. Cause de ce phénomène : il résulte de ce que le mouvement de rotation de la lune est uniforme, tandis que son mouvement de révolution autour de la terre ne l'est pas, il est affecté de plusieurs inégalités.

Montagnes de la lune : quand on observe la lune avant ou après la conjonction, on voit sur la partie éclairée de petits espaces très brillants, qui projettent sur le disque, du côté opposé au soleil, des ombres d'autant plus grandes que la lune reçoit plus obliquement la lumière solaire. On voit aussi quelques points brillants, sur la partie obscure, dans le voisinage de la partie éclairée ; ce sont les sommets de montagnes éclairées par le soleil. Les dentelures du bord du disque, opposé au soleil, mettent encore en évidence l'existence des montagnes de la lune. — *Mesure de la hauteur de ces montagnes* : on a mesuré les hauteurs de plus de mille montagnes de la lune. Six de ces montagnes, telles que Newton et Tycho, ont plus de 6000 mètres.

Constitution volcanique de la lune : la lune présente à un haut degré le caractère volcanique. Les montagnes ont en général la forme de cratères à peu près circulaires, très-profonds et très-larges. Ainsi les cratères Tycho et Archimède ont chacun plus de vingt lieues de diamètre. La profondeur excède quelquefois de 7000 à 8000 mètres la hauteur extérieure du bourrelet circulaire et au centre de l'excavation s'élève souvent un pic terminé en pointe.

Absence d'eau et d'atmosphère. Preuves de l'absence d'atmosphère : netteté de la ligne de séparation d'ombre et de lumière sur le disque de la lune ; disparition des étoiles éclipsées par la lune, sans diminution préalable d'éclat, et réapparition de ces étoiles avec tout leur éclat ; absence de déviation de la lumière de ces étoiles, avant et après l'éclipse. Preuve de l'absence d'eau : s'il y avait de l'eau, elle s'évaporerait et formerait une atmosphère.

Eclipses de lune : obscurcissement total ou partiel du disque de la lune. *Elles ont lieu au moment de l'opposition.* — *Leur cause* : la lune entre totalement ou en partie dans le cône d'ombre que la terre projette du côté opposé au soleil ; la partie plus ou moins grande de son disque qui ne reçoit plus la lumière solaire devient obscure. — *Pourquoi il n'y en a pas lors de toutes les oppositions* : parce que l'orbite lunaire étant incliné de 5° 9′ sur l'écliptique, la lune peut se trouver lors d'une opposition en dehors du cône d'ombre projeté par la terre. — *L'éclipse peut être partielle ou totale* : suivant que la lune entre en partie ou totalement dans le cône d'ombre. — *Ombre et pénombre* : l'ombre est la partie de l'espace privée de la lumière du soleil. La pénombre est la partie de l'espace privée d'une partie de cette lumière ; elle est comprise, au-delà de la terre, entre les deux surfaces coniques qu'on peut circonscrire au soleil et à la terre. [VOYEZ LE PROBLÈME 88.]

Influence de l'atmosphère terrestre : elle dévie les rayons solaires ; il en résulte que ces rayons éclairent en général faiblement la lune pendant l'éclipse. La lune n'est totalement obscurcie que dans les éclipses centrales, ou à peu près, qui ont lieu près du périgée.

Eclipses de soleil : disparition totale ou partielle du disque solaire. *Elles ont lieu au moment de la conjonction de la lune.* — Leur cause : la lune cache le soleil totalement ou en partie. — *Pourquoi il n'y en a pas lors de toutes les conjonctions* : parce que l'orbite lunaire étant incliné de 5° 9′ sur l'écliptique, la terre peut se trouver lors d'une conjonction en dehors du cône d'ombre que projette son satellite. — *Eclipses partielles, annulaires, totales* : Quand une portion de la surface de la terre entre dans le cône d'ombre que projette la lune, il y a éclipse totale de soleil pour cette portion de surface ; et quand une portion de la surface entre dans la pénombre, il y a éclipse partielle pour cette portion de surface. (La pénombre est comprise au-delà de la lune, entre les deux surfaces coniques qu'on peut circonscrire au soleil et à la lune.) Si une portion de la surface de la terre entre dans la pénombre, opposée par le sommet au cône d'ombre que projette la lune, l'éclipse partielle devient annulaire (1) pour cette portion de surface. [VOYEZ LE PROBLÈME 89.]

Périodicité des éclipses. Période chaldéenne connue sous le nom de Saros (2) : après 18 ans 11 jours, le soleil, la lune et le nœud se retrouvent très sensiblement dans la même position relative ; il en résulte que les éclipses se reproduisent à peu près dans le même ordre. Durant cette période de 18 ans 11 jours, on observe en général sur toute la terre 70 éclipses, dont 29 de lune et 41 de soleil ; mais, pour un lieu déterminé, il y a à peu près trois fois plus d'éclipses de lune que d'éclipses de soleil.

[VOYEZ LES PROBLÈMES 90 et 91.]

(1) Au milieu de l'éclipse partielle, la partie visible du disque solaire a la forme d'un anneau ou à peu près.

(2) Le mot *Saros*, d'origine chaldéenne, signifiait période.

Détermination des longitudes terrestres par les éclipses de lune : elles donnent un signal vu en même temps par tous les observateurs d'un même hémisphère. [VOYEZ LES PROBLÈMES 92...97].

LEÇONS 21, 22, 23, 24.

Planètes : astres qui ont un mouvement propre sur la voûte céleste. — Mouvement direct, rétrograde ; station. — Élongation (1) : distance angulaire d'une planète au soleil.

Noms des principales planètes. Il y en a huit : Mercure, Vénus, la Terre, Mars, Jupiter, Saturne, connues de toute antiquité; Uranus, découverte par WILLIAM HERSCHELL (2), en 1781, et Neptune, découverte par M. LEVERRIER (3), en 1846.

Leurs distances moyennes au soleil. Loi de BODE : règle mnémonique (4) pour avoir le rapport approché de ces distances. On écrit la série des nombres

0	3	6	12	24	48	96	192

dans laquelle chacun, abstraction faite du premier, est double du précédent. On ajoute 4 à chaque nombre, et l'on a

4	7	10	16	28	52	100	196

On divise les résultats par 10 et l'on a

0,4	0,7	1	1,6	2,8	5,2	10	19,6

Ces nombres, moins 2,8, expriment d'une manière approchée les distances au soleil des sept premières planètes

Mercure	Vénus	La Terre	....	Mars	Jupiter	Saturne	Uranus.

La distance de Neptune au soleil ne satisfait pas à cette loi qui donne 38,8 ; elle est égale à 30,04. [VOYEZ LE PROBLÈME 98].

---

(1) Élongation, dérivé de *elongatus*, éloigné, c'est-à-dire éloignement.

(2) W. HERSCHELL, célèbre astronome anglais, né en 1738, mort en 1822. Il s'est surtout occupé d'astronomie stellaire.

(3) M. LEVERRIER, savant français, directeur de l'Observatoire impérial de Paris.

(4) Elle est généralement attribuée à BODE, astronome de Berlin, qui la publia en 1778.

Elles tournent autour du soleil; leurs mouvements s'effectuent suivant les lois de Képler (1) :

Première loi : les orbites des planètes sont des ellipses dont le soleil occupe un des foyers.

Deuxième loi : les aires décrites par les rayons vecteurs, menés du centre du soleil au centre de la planète sont proportionnelles aux temps.

Troisième loi : les carrés des temps des révolutions des planètes autour du soleil sont proportionnels aux cubes des grands axes de leurs orbites. [VOYEZ LES PROBLÈMES 99...101].

Enoncé du principe de la gravitation universelle (2) : tous les corps s'attirent en raison directe de leurs masses et inverse des carrés de leurs distances. [VOYEZ LES PROBLÈMES 102 et 103].

Planètes inférieures (3) : planètes plus près du soleil que la terre; leur élongation, c'est-à-dire leur distance angulaire au soleil a une limite. Il y en a deux : *Mercure et Vénus.*

Leurs digressions (4) *orientale et occidentale* : élongation maxi-

---

(1) KÉPLER, célèbre astronome allemand, né en 1571, dans le duché de Wurtemberg, mort en 1631. C'est en 1608 qu'il trouva les deux premières lois; il les publia en 1609, dans son ouvrage : *De motibus stellæ Martis* « Des mouvements de la planète Mars. » La troisième loi coûta plus d'efforts à son génie persévérant : c'est en 1618 qu'elle triompha, comme il le dit lui-même, des ténèbres de son intelligence. Il la publia en 1619, dans son ouvrage : *Harmonice mundi* « Harmonie du monde. » On y remarque un enthousiasme qu'explique la grandeur du sujet ; ainsi on lit dans la préface : *Jacio en aleam , librumque scribo , seu præsentibus, seu posteris legendum ; nihil interest exspectet ille suum lectorem per annos centum, si Deus ipse per annorum sena millia contemplatorem præstolatus est.* « Le sort en est jeté, j'écris mon livre, il sera lu par l'âge présent ou par la postérité; peu importe qu'il attende cent ans son lecteur, puisque Dieu même a attendu six mille ans un contemplateur de ses œuvres. »

(2) La découverte de cette loi est due à NEWTON, le plus grand génie qu'ait produit l'Angleterre. Newton est né en 1642 et mort en 1727. Il publia cette grande découverte en 1687, dans son ouvrage : « *Philosophiæ naturalis principia mathematica.* »

(3) Leur distance au soleil est *inférieure* à celle de la terre au soleil.

(4) Digression, de *digressio*, éloignement.

mum à l'orient et à l'occident du soleil. Celle de Mercure ne dépasse pas 28° $\frac{1}{2}$, et celle de Vénus 48°.

[VOYEZ LES PROBLÈMES 104...107].

Conjonction : la planète et le soleil sont du même côté de la terre, dans le même cercle de latitude, de sorte que les deux astres ont la même longitude. — Conjonction supérieure : la planète est au-delà du soleil ; elle a une vitesse maximum et un diamètre apparent minimum. — Conjonction inférieure : la planète est en-deçà du soleil ; elle a une vitesse rétrograde maximum et un diamètre apparent maximum.

Explication des mouvements apparents des planètes inférieures et de leurs changements de vitesse et de diamètre, par un mouvement réel de ces planètes autour du soleil (1).

Phases de Vénus : semblables à celles de la lune ; pleine, en conjonction supérieure ; premier et deuxième quartier, vers les stations ; nouvelle, en conjonction inférieure. Rotation : en 23h 21m. — Passages sur le disque du soleil : quand, au moment d'une conjonction inférieure, Vénus est dans le plan de l'écliptique ou à peu près, elle se projette sur le disque du soleil, en y formant une petite tache ronde. Il en résulte une sorte d'éclipse annulaire de soleil qu'on nomme passage.

Planètes supérieures (2) : plus éloignées du soleil que la terre ; leur élongation varie de 0° à 360° ; conjonction. — Opposition : la planète est, par rapport à la terre, du côté opposé au soleil, dans le même cercle de latitude, de sorte que la différence de longitude des deux astres égale 180°. — Vitesse variable : maximum au moment de la conjonction, la vitesse rétrograde atteint son maximum au moment de l'opposition. — Diamètre apparent variable : minimum au moment de la conjonction, maximum au moment de l'opposition. — Explication des mouvements apparents des planètes supérieures et de leurs changements de vitesse et de diamètre par un mouvement réel de ces planètes autour du soleil.

(1) Cette explication est due à COPERNIC, célèbre astronome, né à Thorn, en Prusse, en 1473. Il expose toute sa doctrine dans son immortel ouvrage : « *De revolutionibus cœlestibus* » qui parut en 1543, quelques jours avant sa mort.

(2) Leur distance au soleil est *supérieure* à la distance de la terre au soleil.

Mars. Taches blanchâtres observées à ses pôles : ces taches, dont l'étendue augmente et diminue alternativement, sont attribuées à des glaces qui se forment à un pôle, quand il a été longtemps privé de la chaleur solaire, et qui fondent quand il y a été longtemps exposé. — Rotation : en 24^h 37^m.

Jupiter : taches. — *Rotation* : en 9^h 55^m. — Bandes : alternativement sombres et brillantes, parallèles à l'équateur de la planète. — *Aplatissement de son disque* : $\frac{1}{16}$; c'est une conséquence de son mouvement rapide de rotation.

Quatre satellites. Eclipses de ces satellites. : quand ils entrent dans le cône d'ombre que projette la planète. — Détermination des longitudes terrestres : les éclipses donnent un signal vu en même temps par tous les observateurs d'un même hémisphère.

[VOYEZ LES PROBLÈMES 108 et 109].

Mesure de la vitesse de la lumière : la lumière réfléchie par un satellite de Jupiter, à sa sortie du cône d'ombre, met 16^m 36^s de plus pour arriver à la terre, au moment de la conjonction de Jupiter qu'au moment de l'opposition, c'est-à-dire qu'elle met 16^m 36^s à parcourir le diamètre de l'orbite terrestre. On en conclut que la lumière nous vient du soleil en 8^m 18^s, de sorte qu'elle parcourt par seconde 77 000 lieues de 4 kilomètres (1).

Saturne : *Rotation* en 10^h 30^m. — *Aplatissement* : $\frac{1}{10}$ environ. — *Bandes* : alternativement sombres et brillantes parallèles à l'équateur de la planète.

Huit satellites. Anneau formé de plusieurs anneaux concentriques. *Dimensions des différentes parties de ce système* :

Rayon équatorial de Saturne..........	16 000	lieues.
Largeur de l'anneau..............	11 500	»
Distance de l'anneau à la planète......	7500	»
Epaisseur de l'anneau, environ........	30	»

Uranus : huit satellites; le 5e, le 7e et le 8e n'ont été vus que par W. HERSCHEL.

Neptune : un satellite. [VOYEZ LES PROBLÈMES 110... 112].

---

(1) Cette découverte est due à ROÉMER, astronome danois, né en 1644, mort en 1710. Les bienfaits de Louis XIV l'avaient fixé en France, et c'est à l'Observatoire de Paris qu'il fit cette belle découverte, en 1675. Il était membre de l'Académie des sciences depuis 1672.

Principaux éléments du soleil, de la lune et des planètes.

Astres.	Signes.	Durée des révolutions sidérales.		Distance moyenne au soleil.	Excentricité le demi-grand axe étant 1.	Inclinaison sur l'écliptique.	Rotation.
		en jours m.	en années.				
		j.					j. h. m.
Le Soleil	☉	»	»	»	»	»	25 12 0
Mercure	☿	87,96926	»	0,387098	0,205606	7° 0′	1 0 5
Vénus..	♀	224,70080	»	0,723332	0,006862	3° 27′	23 21
La Terre	♁	365,25638	»	1	0,016792	0° 0′	23 56
La Lune	☾	27,32166	»	1	0,054844	5° 9′	27 7 43
Mars...	♂	686,97964	»	1,523691	0,093217	1° 51′	1 0 37
Jupiter.	♃	4332,5848	12 env.	5,202798	0,048162	1° 19′	9 55
Saturne	♄	10759,2198	29 $\frac{1}{2}$	9,538852	0,056150	2° 30′	10 30
Uranus.	♅	30686,8205	84	19,18273	0,046679	0° 46′	»
Neptune	♆	60127	164 $\frac{1}{2}$	30,04	0,008720	1° 47′	»

Principaux éléments du soleil, de la lune et des planètes (suite).

Astres.	Diamètres réels.	Volumes.	Aplatissement.	Masses.	Densité	Pesanteur à la surface	Intensité de la chaleur et de la lum. sol.
Le Soleil.	112	1 404 928	»	355 000	0,252	28,36	»
Mercure..	0,391	0,060	»	0,075	2,940	1,15	6,67
Vénus...	0,985	0,957	»	0,880	0,923	0,91	1,91
La Terre.	1	1	$\frac{1}{299}$	1	1	1	1
La Lune.	0,273	0,0203	»	0,0123	0,619	0,16	1
Mars....	0,519	0,140	$\frac{1}{30}$	0,132	0,948	0,50	0,43
Jupiter..	11,225	1414	$\frac{1}{16}$	339	0,238	2,45	0,04
Saturne..	9,022	735	$\frac{1}{10}$	102	0,138	1,09	0,01
Uranus..	4,344	82	$\frac{1}{9}$	15	0,180	1,05	0,003
Neptune..	4,719	111	»	25	0,222	1,10	0,001

Principaux éléments des satellites des planètes.

Satellites.		Durée des révolutions sidérales.	Dist. moy. à la pl. le rayon de la pl. étant 1.	Auteurs et époques de la découverte.	
		j m.			
La lune....		27,32166	59,875		
Jupiter.	1er	1,7691	6,048	GALILÉE (1), à Padoue (Italie) en...	1610
	2e.	3,5512	9,623	Id......................	id.
	3e.	7,1546	15,350	Id..................	id.
	4e.	16,6888	26,998	Id......................	id.
Saturne.	1er	0,945	3,35	W. HERSCHELL, à Bath (Anglet.), en	1789
	2e.	1,370	4,30	Id......................	id.
	3e.	1,888	5,28	DOM. CASSINI, (2), à Paris, en....	1684
	4e.	2,739	6,82	Id.......................	id.
	5e.	4,517	9,52	Id.......................	1672
	6e.	15,945	22,08	HUYGHENS (3), à La Haye (Holl.) en	1655
	7e.	21,297	30,89	LASSELL (4), à Liverpool (Anglet.), en	1848
	8e.	79,330	64,36	DOM. CASSINI, à Paris, en........	1671
Uranus.	1er	2,520	7,44	LASSELL, à Liverpool, en........	1851
	2e.	4,144	10,37	Id......................	id.
	3e.	5,893	13,12	W. HERSCHELL, à Bath, en.......	1790
	4e.	8,705	17,01	Id......................	1787
	5e.	10,961	19,85	Id......................	1794
	6e.	13,463	22,75	Id......................	1787
	7e.	38,075	45,51	Id......................	1790
	8e.	107,694	91,01	Id......................	1794
Neptune.	1er	5,877	10 env.	LASSELL, à Liverpool, en........	1847

(1) GALILÉE, savant italien, né à Pise en 1564, mort à Florence en 1642. Il découvrit que les oscillations du pendule sont d'égale durée et l'appliqua à la mesure du temps, dans les observations astronomiques. Il imagina en 1609 la lunette qui porte son nom, avec laquelle il observa le premier (outre les satellites de Jupiter) les montagnes de la Lune et les phases de Vénus devinées par COPERNIC.

(2) J. Dominique CASSINI, né en 1625 dans le comté de Nice, mort à Paris en 1712, fut attiré en France en 1669 par les bienfaits de Louis XIV. Il devint membre de l'Académie des sciences et fut le premier directeur de l'Observatoire.

(3) HUYGHENS, illustre savant hollandais, né en 1629 à la Haye, où il mourut en 1695. Il appliqua le premier le pendule aux horloges comme régulateur du mouvement. On lui doit encore en astronomie la découverte de la véritable forme de l'anneau de Saturne (1659). Appelé à Paris par Louis XIV en 1665, il fut membre de l'Académie des sciences, lors de sa fondation en 1666.

(4) M LASSELL, riche brasseur anglais, astronome-amateur.

Grand nombre de très-petites planètes situées entre Mars et Jupiter : elles ont des orbites très rapprochées et la moyenne de leurs distances au soleil, qui égale sensiblement 2,8, satisfait à la loi de Bode.

Petites planètes entre Mars et Jupiter.

Planètes.	Auteurs et époques de la découverte.	
1 Cérès. . . .	PIAZZI (1), à Palerme (Sicile).	le 1er janv. 1801.
2 Pallas . . .	OLBERS (2), à Brème (Allemagne). .	le 28 mars 1802.
3 Junon. . . .	HARDING (3), à Lilienthal (près Brème)	le 1er sept. 1804.
4 Vesta	OLBERS, à Brème.	le 29 mars 1807.
5 Astrée . . .	HENCKE (4), à Driessen (Prusse). . . .	le 8 sept. 1845.
6 Hébé	Id.	le 1er juillet 1847.
7 Iris.	HIND (5), à Londres.	le 13 août 1847.
8 Flore	Id.	le 18 octob. 1847.
9 Métis	GRAHAM (6), à Markrée-Castle (Irlande)	le 26 avril 1848.
10 Hygie. . . .	DE GASPARIS (7), à Naples.	le 14 avril 1849.
11 Parthénope	Id.	le 11 mai 1850.
12 Victoria . .	HIND, à Londres	le 13 sept. 1850.
13 Égérie . . .	DE GASPARIS, à Naples.	le 2 nov. 1850.
14 Irène	HIND, à Londres.	le 19 mai 1851.
15 Eunomie. .	DE GASPARIS, à Naples.	le 29 juillet 1851.
16 Psyché. . .	Id.	le 17 mars 1852.
17 Thétis. . . .	LUTHER (8), à Bilk (Prusse).	le 17 avril 1852.
18 Melpomène	HIND, à Londres.	le 24 juin 1852.
19 Fortuna . .	Id.	le 22 août 1852.
20 Massalia. .	DE GASPARIS, à Naples.	le 19 sept. 1852.
	CHACORNAC (9), à Marseille.	le 20 sept. 1852.
21 Lutetia. . .	GOLDSCHMIDT (10), à Paris.	le 15 nov. 1852.
22 Calliope . .	HIND, à Londres.	le 16 nov. 1852.
23 Thalie . . .	Id.	le 15 déc. 1852.
24 Phocea. . .	CHACORNAC, à Marseille.	le 6 avril 1853.

(1) PIAZZI, astronome sicilien, mort à Naples en 1826.

(2) OLBERS, médecin et astronome allemand, mort en 1840.

(3) HARDING, astronome allemand.

(4) M. HENCKE, directeur du bur. de poste de Driessen, astronome-amat.

(5) M. HIND, célèbre astronome anglais, directeur de l'observatoire que M. BISHOP, riche marchand de vin de Londres, a fait construire à ses frais dans Regent's park, à Londres.

(6) M. GRAHAM, astronome irlandais.

(7) M. DE GASPARIS, célèbre astronome napolitain, directeur de l'observatoire de Capo di monte, à Naples.

(8) M. LUTHER, astronome de l'observatoire de Bilk, près de Dusseldorf.

(9) M. CHACORNAC, astronome-adjoint à l'observatoire impérial de Paris.

(10) M. Hermann GOLSCHMIDT, peintre d'histoire distingué, astronome-amateur, résidant à Paris.

Petites planètes entre Mars et Jupiter (suite).

Planètes.	Auteurs et époques de la découverte.
25 Thémis ..	DE GASPARIS, à Naples........... le 6 avril 1853.
26 Proserpine	LUTHER, à Bilk................. le 5 mai 1853.
27 Euterpe ..	HIND, à Londres................ le 8 nov. 1853.
28 Bellone...	LUTHER, à Bilk................. le 1er mars 1854.
29 Amphitrite	MARTH (1), à Londres........ ... id.
30 Uranie ...	HIND, à Londres................ le 22 juillet 1854.
31 Euphrosine	FERGUSSON (2), à Washington (Etats-Unis), 1er sept. 1854.
32 Pomone ..	GOLDSCHMIDT, à Paris............ le 26 oct. 1854.
33 Polymnie .	CHACORNAC, à Paris............. le 28 oct. 1854.
34 Circé	Id.......................... le 6 avril 1855.
35 Leucothée.	LUTHER, à Bilk................. le 19 avril 1855.
36 Atalante ..	GOLDSCHMIDT, à Paris .... le 5 oct. 1855.
37 Fides. ...	LUTHER, à Bilk................. id.
38	
39	
40	

Etoiles filantes : ce sont peut-être des petites masses planétaires qui s'enflamment en traversant notre atmosphère. — Aérolithes (3) : ce sont probablement des fragments de petites planètes qui cèdent à l'attraction de la terre.

Comètes (4) : astres généralement chevelus qui décrivent des ellipses d'une excentricité telle qu'ils deviennent invisibles pendant une partie de leur révolution.—*Noyau* : point central lumineux.— *Chevelure* : nébulosité brillante qui entoure le noyau. — *Queue* : traînée lumineuse qui accompagne la plupart des comètes. — Tête de la comète : ensemble du noyau et de la chevelure.

Petitesse de la masse des comètes : extrême; quand une comète passe dans le voisinage des satellites d'une planète, elle ne leur

(1) M. Albert MARTH, aide de M. Hind, à l'observatoire de M. Bishop, dans Regent's park, à Londres.

(2) M. FERGUSSON, astronome de l'observatoire national de Washington.

(3) Aérolithes, de ἀήρ, air, λίθος, pierre.

(4) Comète, de κομήτης, dérivé de κόμη, chevelure.

fait éprouver aucune perturbation sensible, c'est-à-dire aucun dérangement sensible dans leurs mouvements. La planète et son satellite exercent au contraire une très grande perturbation sur la comète.

Nature de leurs orbites : ce sont généralement des ellipses très allongées dont le soleil occupe un des foyers.

Comètes périodiques : comètes dont la durée des révolutions est connue. Il y en a quatre :

La *comète de* HALLEY (1), qui parut en 1682; sa périodicité de 76 ans a été découverte en 1705 par Halley, qui prédit son retour pour 1758 ou 1759. Son mouvement est rétrograde.

[VOYEZ LE PROBLÈME 113].

La comète de M. ENCKE (2), qui parut en 1818; on la nomme aussi comète à courte période ou de 1200 jours; sa périodicité de $3^{ans},3$ a été découverte en 1819 par M. Encke, qui prédit son retour pour 1822. Elle n'a pas de queue. Son mouvement est direct.

La *comète de* BIÉLA (3) ou de GAMBART (4), découverte en 1826 par par M. Biéla, à Johannisberg (duché de Nassau); sa périodicité de 6 ans $\frac{3}{4}$ a été découverte par M. Gambart, qui prédit son retour pour 1832. — *Son dédoublement* : en 1846 elle se sépara en deux comètes distinctes. Son mouvement est direct.

La comète de M. FAYE (5), découverte, en 1843, à Paris, par M. Faye, qui reconnut que sa périodicité égale $7^{ans},3$ et qui prédit son retour pour 1851. Son mouvement est direct.

---

(1) HALLEY, l'un des plus illustres astronomes de l'Angleterre, né à Londres en 1656, mort en 1742. Persuadé que si sa prédiction se réalisait, c'était pour l'Angleterre un triomphe de plus, il s'exprime ainsi : *Si secundum prædicta nostra redierit iterum cometa circa annum 1758, hoc primum ab homine Anglo inventum fuisse non inficiabitur æqua potestas.* « Si, selon notre prédiction, cette comète revient vers l'an 1758, la postérité, par un sentiment de justice, reconnaîtra que cette découverte est due à un Anglais. » On lui doit aussi une méthode pour déterminer la parallaxe du soleil, au moyen des passages de Vénus.

(2) M. ENCKE, astronome distingué, directeur de l'Observatoire de Berlin.

(3) M. BIÉLA, astronome allemand.

(4) M. GAMBART, astronome de Marseille.

(5) M. FAYE, membre de l'Institut (Académie des Sciences), astronome de l'Observatoire de Paris, auteur de *Leçons de cosmographie* très estimées, etc.

Éléments des comètes périodiques.

Comètes.	Epoques.	Longit. du périhélie	Longit. du nœud asc.	Inclinaisons	Distance périh.e	Distance moy.	Excentricité.
De HALLEY	1835	304° 30′	55° 10′	17° 45′	0,586	17,988	0,967
De ENCKE.	1822	157° 12′	334° 24′	13° 20′	0,333	2,224	0,845
De BIÉLA.	1846	109° 4′	245° 57′	12° 33′	0,856	3,518	0,757
De FAYE..	1843	49° 45′	209° 26′	11° 21′	1,692	3,795	0,554

LEÇON 25.

Phénomène des marées : mouvement alternatif des eaux de la mer, qui s'élèvent et s'abaissent successivement deux fois en 24h 52m au-delà d'une hauteur moyenne. — *Flux* : mouvement ascensionnel des eaux. — *Reflux* : mouvement contraire. — *Haute mer*, ou marée haute : les eaux atteignent leur hauteur maximum. — *Basse mer*, ou marée basse : elles atteignent leur hauteur minimum.

Circonstances principales du phénomène. Sa période : il s'écoule 12h 26m entre deux marées hautes de même qu'entre deux marées basses. Il s'écoule aussi 12h 26m entre deux passages successifs, supérieur et inférieur, de la lune au méridien; aussi la lune est-elle regardée comme la principale cause du phénomène.

Explication du phénomène des marées.

Les marées sont dues aux actions combinées de la lune et du soleil : l'attraction de la lune égale près de deux fois et demie celle du soleil.

Marées des Syzygies, c'est-à-dire de la nouvelle et de la pleine lune : elles sont les plus grandes; le soleil et la lune passent en même temps, ou à peu près, dans chaque méridien; les deux marées qui en résultent sont de même sens et elles s'ajoutent.

Marées des quadratures : c'est-à-dire du 1er et du 2e quartier : elles sont les plus faibles. Quand la lune passe dans chaque méridien, le soleil est à l'horizon ou à peu près, les deux marées qui en résultent sont de sens contraire et elles se retranchent.

Etablissement d'un port : temps qui s'écoule dans chaque port entre le moment du passage de la lune au méridien, à l'époque des syzygies, et le moment de la marée haute.

APPENDICE. — Parallaxe annuelle des étoiles. — Mesure de leurs distances à la terre. [VOYEZ LES PROBLÈMES 114...116].

Résumé du cours; Coup d'œil sur l'ensemble de l'univers : 1° Système solaire, comprenant le soleil, les planètes, leurs satellites et les comètes; 2° Etoiles, soleils lumineux comme le nôtre, entourés sans doute d'un cortége de planètes que nous ne connaîtrons jamais; 3° Nébuleuses. La voie lactée n'est qu'une nébuleuse dont notre soleil est une étoile, et notre petit globe n'est qu'un point dans l'immensité de l'espace.

PROBLÈMES.

PROBLÈME 1. — *(Géométrie).*

On mesure, à l'observatoire de Paris, les hauteurs d'une étoile circumpolaire, au moment de son passage supérieur et de son passage inférieur au méridien; on trouve :

74° 39′ 6″ et 23° 1′ 17″.

On demande quelle est la hauteur du pôle à l'observatoire de Paris (1)?

PROBLÈME 2. — *(Géométrie).*

On mesure, à Bordeaux, les hauteurs de deux étoiles circumpolaires, au moment de leurs passages supérieurs et inférieurs au méridien; on trouve

pour la 1re 70° 8′ 15″ et 19° 32′ 22″.
et pour la 2e 62° 44′ 45″ et 26° 55′ 54″.

---

(1) Dans ce problème et les suivants toutes les mesures d'angles sont supposées corrigées de la réfraction.

On demande quelle est la hauteur du pôle à Bordeaux, en prenant une moyenne entre les résultats que fournissent les observations des deux étoiles.

PROBLÈME 3. — *(Géométrie)*.

Les étoiles qui passent au zénith de Londres ont leur passage inférieur à 13° au-dessus de l'horizon. Quelle est la hauteur du pôle à Londres?

PROBLÈME 4. — *(Géométrie)*.

Le passage supérieur d'une étoile circumpolaire, au méridien de Lyon, se fait au zénith. On demande quelle est la hauteur de cette étoile au-dessus de l'horizon, au moment de son passage inférieur au méridien. La hauteur du pôle à Lyon égale 45° 45′ 45″.

PROBLÈME 5. — *(Géométrie)*.

La hauteur d'une étoile circumpolaire au moment de son passage inférieur au méridien de Lille égale 15° 16′ 25″. On demande quelle est sa distance zénithale au moment de son passage supérieur au méridien. La hauteur du pôle à Lille égale 50° 38′ 44″.

PROBLÈME 6. — *(Géométrie)*.

Le passage inférieur d'une étoile au méridien d'Orléans se fait à l'horizon; son passage supérieur se fait au sud du zénith et sa distance zénithale vaut alors 5° 48′ 18″. Quelle est la hauteur du pôle à Orléans?

PROBLÈME 7.

On fait marquer à une horloge sidérale $0^h\ 0^m\ 0^s$, au moment du passage supérieur d'une étoile au méridien d'un lieu. L'horloge marque $5^h\ 18^m\ 24^s$ au moment du passage supérieur d'une autre étoile dans le même méridien. Quelle est la différence de ces deux étoiles en ascension droite?

PROBLÈME 8.

Une horloge sidérale marque $3^h\ 45^m\ 16^s$ au moment du passage d'une étoile au méridien d'un lieu. Elle marque $17^h\ 18^m\ 25^s$, au moment du passage d'une autre étoile. Quelle est la différence des deux étoiles en ascension droite?

PROBLÈME 9. — *(Géométrie).*

Le passage supérieur d'une étoile au méridien de l'observatoire de Paris, se fait au nord du zénith et la distance zénithale de l'étoile vaut alors $25^\circ\ 56'\ 45''$. Quelle est la déclinaison de l'étoile? La hauteur du pôle à l'observatoire de Paris égale $48^\circ\ 50'\ 11'',5$.

PROBLÈME 10. — *(Géométrie).*

La déclinaison d'une étoile de l'hémisphère austral est $18^\circ\ 52'\ 37''$. La distance zénithale de cette étoile, au moment de son passage au méridien de Marseille est $62^\circ\ 9'\ 41''$. Quelle est la hauteur du pôle à Marseille?

PROBLÈME 11.

En 43 jours Algol passe 15 fois d'un maximum d'éclat à un autre. On demande quelle est la périodicité d'Algol.

PROBLÈME 12.

En 8350 jours, *o* de la Baleine passe 25 fois d'un maximum d'éclat à un autre. On demande quelle est la périodicité de cette étoile.

PROBLÈME 13.

La première tentative de la mesure de la terre est attribuée à ERATOSTHÈNE (1). Il trouva qu'un arc de 5000 stades, compté à peu près sur le méridien d'Alexandrie,

---

(1) ÉRATOSTHÈNE, géomètre et astronome, qui vivait à Alexandrie dans le IIIe siècle avant Jésus-Christ.

était le 50e de la circonférence entière. En conclure la longueur de la circonférence d'un grand cercle de la terre, évaluée en mètres, en supposant le stade égal à 180m; et trouver l'erreur relative du résultat, en supposant cette circonférence égale à 10 000 000 de mètres.

Problème 14. — (*Géométrie*).

Déterminer en lieues de 4 kilomètres le rayon de la terre, sachant que deux points élevés chacun de 4 mètres au-dessus de la surface de la mer deviennent invisibles l'un à l'autre à 14 280 mètres de distance, c'est-à-dire que la droite qui joint ces deux points est tangente à la surface de la mer.

Problème 15. — (*Géométrie*).

Deux observateurs, chacun à bord d'un navire, à 3 mètres au-dessus de l'eau, cessent de s'apercevoir à une distance de 12 360 mètres. En conclure une valeur approchée du rayon de la terre. *(Sujet de comp. prop. au baccal. ès sci. le 1er décembre 1854).*

Problème 16. — (*Trigonométrie*).

A une hauteur de 150m. au-dessus de la surface de la mer, on suppose la dépression de l'horizon apparent, égale à 23′ 36″. Et on demande quelle est en lieues de 4 kilomètres, la valeur du rayon de la terre (On nomme dépression de l'horizon apparent le complément de l'angle que le rayon visuel tangent à la terre fait avec la verticale) (1).

Problème 17.

Deux horloges sidérales ont été réglées à Bordeaux et à Paris sur les passages d'une même étoile aux méridiens de ces deux villes, c'est-à-dire qu'on a fait marquer à chaque horloge $0^h\ 0^m\ 0^s$ au moment du passage de l'étoile au mé-

(1) Voyez la solution note 2.

ridien de chaque lieu. Quand l'horloge de Paris marque $17^h\ 35^m\ 21^s$, celle de Bordeaux marque $17^h\ 23^m\ 41^s,2$, quelle est la longitude de Bordeaux?

PROBLÈME 18.

Deux horloges sidérales ont été réglées à Strasbourg et à Paris sur les passages d'une même étoile aux méridiens de ces deux villes. Quand l'horloge de Paris marque $12^h\ 18^m\ 45^s,4$, celle de Strasbourg marque $12^h\ 40^m\ 25^s$; quelle est la longitude de Strasbourg?

PROBLÈME 19.

Quand une étoile passe au méridien de l'observatoire de Paris, une horloge sidérale marque $23^h\ 56^m\ 36^s,4$. Quelle heure marquera-t-elle quand l'étoile passera au méridien de l'observatoire de Greenwich dont la longitude occidentale est égale à $2^\circ\ 20'\ 24''$?

PROBLÈME 20.

Une étoile passe au méridien de Lorient 22 minutes 46 secondes de temps sidéral après avoir passé au méridien de Paris. Quelle est la longitude de Lorient?

PROBLÈME 21.

Deux horloges sidérales ont été réglées aux observatoires de Greenwich et de Bruxelles, sur les passages d'une même étoile aux méridiens de ces deux observatoires. Quand l'horloge de Greenwich marque $13^h\ 50^m\ 45^s,6$, celle de Bruxelles marque $14^h\ 8^m\ 14^s,5$. On demande quelle est la différence des longitudes de ces deux observatoires.

PROBLÈME 22. — *(Géométrie)*.

Du sommet de la lanterne du Panthéon à Paris, on mesure les hauteurs d'une étoile circumpolaire à son passage supérieur et à son passage inférieur au méridien. On trouve $64^\circ\ 15'\ 45''$ et $33^\circ\ 25'\ 53''$.
Quelle est la latitude du lieu de l'observation?

Problème 23. — *(Géométrie)*.

On mesure à Angers les hauteurs d'une étoile circumpolaire à son passage supérieur et à son passage inférieur au méridien ; on trouve

62° 46′ 42″ et 32° 9′ 52″.

Quelle est la latitude du lieu de l'observation?

Problème 24. — *(Géométrie)*.

On a mesuré, du haut de la plate forme du nouvel observatoire de Toulouse, les hauteurs de deux étoiles circumpolaires, à leurs passages supérieurs et inférieurs au méridien. On a trouvé
pour la 1re 59° 2′ 32 et 28° 10′ 56″.
et pour la 2e 62° 29′ 42″ et 24° 43′ 54″.
On demande quelle est la latitude de cet observatoire en prenant une moyenne entre les résultats que fournissent les observations des deux étoiles.

Problème 25. — *(Géométrie)*.

Les étoiles qui passent au zénith de Tours ont leur passage inférieur à 4° 47′ 32″ au-dessus de l'horizon. On demande quelle est la latitude du lieu de l'observation.

Problème 26. — *(Géométrie)*.

La hauteur d'une étoile circompolaire au moment de son passage inférieur au méridien de Metz, égale 14° 15′ 48″. On demande quelle est sa distance zénithale au moment de son passage supérieur au méridien. La latitude de Metz égale 49° 7′ 14″.

Problème 27. — *(Trigonométrie)*.

Calculer la surface de la zône glaciale, en supposant l'angle de la zône égal à 23° 27′ 30″. On prendra la surface de la terre pour unité. *(Sujet de composition proposé pour l'admission à Saint-Cyr, le 4 janvier 1855)* (1).

---

(1) Voyez la solution, note 3.

PROBLÈME 28. — (*Trigonométrie.*)

Calculer la surface de la zône tempérée, en supposant les latitudes des parallèles extrêmes égales à 23° 27′ 30″ et 66° 32′ 30″. On prendra la surface de la terre pour unité (1).

PROBLÈME 29. — (*Trigonométrie*).

Calculer la surface de la zône torride en supposant le demi-angle de la zône égal à 23° 27′ 30″. On prendra la surface de la terre pour unité.

PROBLÈME 30. — (*Géométrie*).

Calculer le rayon et la surface de la terre, supposée sphérique, c'est-à-dire supposée engendrée par la révolution d'une demi-circonférence de 20 millions de mètres tournant autour de son diamètre. (*Sujet de composition proposé au baccal. ès sci., le 29 juillet 1853*).

PROBLÈME 31. — (*Géométrie*).

Calculer le volume de la terre, supposée sphérique, c'est-à-dire supposée engendrée par la révolution d'une demi-circonférence de 20 millions de mètres tournant autour de son diamètre.

PROBLÈME 32. — (*Géométrie*).

La surface de la terre, en tenant compte de l'aplatissement, est 509 950 820 kilomètres carrés. On demande d'évaluer cette surface en lieues carrées de 4 kilomètres de côté.

PROBLÈME 33. — (*Géométrie.*)

Le rayon de l'équateur terrestre égale 6 377 398ᵐ, et le quart du méridien égale 10 000 856ᵐ. Trouver : 1° la circonférence de l'équateur, et 2° la différence entre cette circonférence et le contour de l'ellipse méridienne.

---

(1) Voyez la solution, note 4.

Problème 34.

On suppose que la distance du pôle à l'équateur égale 10 000 856 fois le mètre légal, et on demande quelle est la différence entre le mètre théorique et le mètre légal.

Problème 35. — (*Géométrie*).

Au moyen d'un fil horizontal placé dans la lunette du cercle mural, on mesure à Paris les distances zénitales du bord supérieur et du bord inférieur du soleil, au moment de son passage au méridien. (Il passe au sud du zénith.) On trouve

32° 36′ 25″ et 33° 8′ 30″.

Quelle est la déclinaison de son centre, la latitude du lieu de l'observation étant égale à 48° 50′ 11″,5?

Problème 36. — (*Géométrie*).

On mesure à Rennes les distances zénithales du bord supérieur et du bord inférieur du soleil au moment de son passage au méridien. (Il passe au sud du zénith.) On trouve 69° 18′ 8″ et 69° 50′ 42″.

Quelle est la déclinaison de son centre, la latitude du lieu de l'observation étant égale à 46° 6′ 55″?

Problème 37. — (*Géométrie*).

On observe les hauteurs du bord supérieur et du bord inférieur du soleil, au moment de son passage au méridien, on trouve

53° 49′ 55″ et 53° 17′ 57″.

On demande quelle est la latitude du lieu de l'observation, sachant que le soleil est au sud du zénith et que sa déclinaison est alors égale à 12° 24′ 7″,5.

Problème 38.

On fait marquer à une horloge sidérale 0h 0m 0s au moment du passage supérieur d'une étoile au méridien. On observe avec la lunette méridienne et l'horloge les heures des passages au même méridien du bord occidental et du bord oriental du soleil, on trouve

$17^h\ 25^m\ 54^s$ et $17^h\ 28^m\ 2^s$.

Quelle est la différence de l'étoile et du centre du soleil en ascension droite ?

Problème 39.

Une horloge sidérale marquait $21^h\ 14^m\ 56^s$ au moment du passage d'une étoile au méridien. Elle marque $5^h\ 45^m\ 15^s$ au moment du passage du bord occidental du soleil et $5^h\ 47^m\ 24^s$ au moment du passage de son bord oriental. Quelle est l'ascension droite de son centre par rapport à l'étoile?

Problème 40.

Il résulte des observations modernes et d'une observation faite vers l'an 350 avant Jésus-Christ, par Pythéas, célèbre astronome de Marseille, que l'obliquité de l'écliptique a diminué de 18′ environ, de l'an 350 av. J.-C. à l'an 1850. On demande quelle est par siècle la diminution moyenne de cette obliquité.

Problème 41.

On demande quel a été en 1853 l'instant de l'équinoxe de printemps, sachant qu'aux moments de son passage au méridien, le soleil avait, le 20 mars, une déclinaison australe égale à 4′ 30″, et, le 21 mars, une déclinaison boréale égale à 19′ 10″.

Problème 42.

On demande quel a été en 1851 l'instant de l'équinoxe de printemps, sachant qu'aux moments de son passage au méridien, le soleil avait, le 20 mars, une déclinaison australe égale à 16′ 43″, et le 21 mars, une déclinaison boréale égale à 6′ 58″.

Problème 43. — (*Géométrie*).

Trouver quelles peuvent être les hauteurs maximum et minimum du soleil au-dessus de l'horizon de Paris, au moment de son passage au méridien. On supposera la latitude de Paris égale à 48° 50′ 12″, et l'inclinaison de l'écliptique sur l'équateur égale à 23° 27′ 36″.

Problème 44.

Lorsque le soleil met $2^m\ 8^s,3$ de temps solaire à passer au méridien, quel est son diamètre apparent?

Problème 45.

Vers le 1er janvier, le soleil met $2^m\ 10^s,4$ de temps solaire à passer au méridien. Quel est son diamètre apparent?

Problème 46.

Vers le 2 juillet, le soleil met $2^m\ 6^s$ de temps solaire à passer au méridien. Quel est son diamètre apparent?

Problème 47.

Exprimer la distance apogée et la distance périgée du soleil en prenant pour unité la moyenne de ces deux distances. On sait que son diamètre apparent maximum est 32′ 36″, et son diamètre apparent minimum 31′ 30″ (1).

Problème 48.

En 1690, la longitude du périgée solaire, c'est-à-dire sa distance à l'équinoxe valait 277° 35′ 31″; et en 1775, elle valait 279° 3′ 17″. On demande quelle est l'augmentation moyenne annuelle de cette longitude.

Problème 49.

En 1854, la longitude du périgée solaire valait 280° 24′ 30″, et cette longitude augmente en moyenne de 62″ par année. On demande en quelle année le solstice d'hiver coïncidait avec le périgée.

---

(1) Voyez la solution, note 5.

PROBLÈME 50.

En 1854, la longitude du périgée solaire valait 280° 24′ 30″ et cette longitude augmente en moyenne de 62″ par année. On demande en quelle année l'équinoxe de printemps coïncidera avec le périgée.

PROBLÈME 51.

L'année sidérale vaut $366^{jsid},25638$ et par conséquent $365^{jsol\,moy},25638$; et l'année tropique vaut $366^{jsid},24222$. Trouver sa valeur en jours solaires moyens (1).

PROBLÈME 52.

Trouver le mouvement moyen du soleil par jour solaire moyen, sachant que l'année sidérale vaut $365^{jsolm},25638$.

PROBLÈME 53.

L'année sidérale vaut $366^{jsid},25638 = 365^{jsolm},25638$ et l'année tropique vaut $366^{jsid},24222 = 365^{jsolm},24226$. On demande d'évaluer la différence de ces deux années en minutes et secondes de temps sidéral et de temps moyen.

PROBLÈME 54.

L'année sidérale vaut $366^{jsid},25638 = 365^{jsolm},25638$. Trouver la valeur du jour solaire moyen en temps sidéral et la valeur du jour sidéral en temps moyen.

PROBLÈME 55.

Trouver en jours moyens et en fraction décimale du jour moyen, la valeur d'une année grégorienne, sachant que l'année julienne vaut $365^{jm},25$ et que 400 années grégoriennes valent 400 années juliennes moins 3 jours moyens.

PROBLÈME 56.

Trouver après combien de temps l'année grégorienne égale à $365^{jm},2425$, sera en avance d'un jour sur l'année tropique, égale à $365^{jm},24226$?

(1) Voyez la solution, note 1 de cosmographie.

PROBLÈME 57. — *(Trigonométrie).*

On demande de déterminer la distance du soleil à la terre, sachant que sa parallaxe horizontale vaut en moyenne 8″,58.

PROBLÈME 58. — *(Géométrie).*

Si la terre au lieu de tourner sur elle-même était immobile et si le soleil décrivait l'équateur en 24 heures, quelle serait, à moins de 1 lieue près, sa vitesse par seconde, en supposant la distance de la terre au soleil égale à 24 000 rayons terrestres et le rayon de la terre égale à 1594 lieues.

PROBLÈME 59.

Trouver à moins de 0,01 le rapport du rayon du soleil à celui de la terre sachant que la parallaxe horizontale du soleil est égale à 8″,6 lorsque son diamètre apparent est égal à 32′ 7″,5.

PROBLÈME 60.

Trouver les parallaxes horizontales maximum et minimum du soleil, sachant que le diamètre apparent maximum du soleil (au 1er janvier), est égal à 32′ 36″ et que son diamètre minimum (au 2 juillet), est égal à 31′ 30″. Le diamètre réel du soleil est égal à 112 fois celui de la terre.

PROBLÈME 61.

Trouver le diamètre apparent du soleil lorsque sa parallaxe horizontale est égale à 8″,5. On sait que le diamètre réel du soleil est égal à 112 fois celui de la terre.

PROBLÈME 62. — *(Trigonométrie).*

La parallaxe horizontale minimum du soleil est 8″,43 et sa parallaxe maximum est 8″,73. On demande de déterminer la plus grande et la plus petite distance du soleil à la terre, en prenant le rayon terrestre pour unité. On en conclura sa distance moyenne.

Problème 63. — *(Géométrie)*.

Evaluer la surface et le volume du soleil en prenant pour unités la surface et le volume de la terre, sachant que le diamètre du soleil égale 112 fois celui de la terre.

Problème 64.

On suppose le diamètre du soleil égal à 112 fois celui de la terre et sa masse égale à 355 000 fois celle de la terre. On demande le rapport de sa densité à la densité moyenne de la terre.

Problème 65.

On suppose la densité moyenne de la terre égale à 5,5 celle de l'eau étant prise pour unité et on demande le rapport de la densité du soleil à celle de l'eau.

Problème 66.

On suppose qu'un homme de taille ordinaire pèse 65 kil. et qu'il peut aisément sauter à la surface de la terre à une hauteur de $0^m,75$. On demande à quelle hauteur il pourrait sauter à la surface du soleil et combien il y pèserait de nos kilogrammes. La pesanteur absolue à la surface du soleil est 28,36, la pesanteur absolue à la surface de la terre étant prise pour unité (On négligera l'action de la force centrifuge qui naît des mouvements de rotation du soleil et de la terre).

Problème 67. — *(Géométrie)*.

Une tache qui, vue de la terre, se projette au centre du disque solaire, disparaît au bord occidental, reparaît au bord oriental et se projette de nouveau au centre au bout de 27 jours $\frac{1}{2}$. On demande quelle est la durée réelle de la rotation de cette tache et par conséquent de la rotation du soleil.

Problème 68.

Le soleil entre

le 22 décembre	1854	dans le Capricorne	à $3^h\ 9^m$ du matin.
le 21 mars	1855	dans le Bélier	à $4^h\ 16^m$ id.
le 22 juin	id.	dans le Cancer	à $0^h\ 58^m$ id.
et le 23 sept.	id.	dans la Balance	à $3^h\ 9^m$ du soir.

Il entre de nouveau le 22 décembre 1855 dans le Capricorne à $8^h\ 58^m$ du matin. On demande d'exprimer en jours, à moins de 0,01, les durées des quatre saisons pour l'année 1855.

PROBLÈME 69. — (*Géométrie*).

On admet que la hauteur de l'atmosphère est égale à 0,01 du rayon de la terre et on demande le rapport des épaisseurs des couches atmosphériques que les rayons solaires ont à traverser à l'horizon et au zénith.

PROBLÈME 70.

La longitude de l'Epi de la Vierge valait 174° en l'an 141 avant J.-C. d'après HIPPARQUE. Elle vaut 201° 46′ en 1852. Quelle est la rétrogradation moyenne annuelle de l'équinoxe?

PROBLÈME 71.

Calculer la rétrogradation annuelle de l'équinoxe, sachant que l'année sidérale vaut $366^{j\,sid},25638$ et l'année tropique $366^{j\,sid},24222$.

PROBLÈME 72.

Le point équinoxial rétrograde de 50″,1 par année tropique. En combien de temps rétrogradera-t-il de 360°?

PROBLÈME 73.

Trouver le mouvement moyen du soleil par jour sidéral sachant que l'année tropique vaut $366^{j\,sid},24222$ et que l'équinoxe rétrograde de 50″,1 par année tropique.

PROBLÈME 74.

Trouver le mouvement moyen de la lune par jour solaire moyen, sachant que la durée de sa révolution sidérale est égale à $27^{j\,sol\,m},32166$.

www.ingramcontent.com/pod-product-compliance
Ingram Content Group UK Ltd.
Pitfield, Milton Keynes, MK11 3LW, UK
UKHW012258240726
13966UKWH00004B/1466

9 782011 340283